Michael Grübel

Richtig handeln bei Wasser- und Feuchtigkeitsschäden

Gebäudetrocknung in der Praxis

Eine umfassende Einführung in die Praxis der Gebäudetrocknung anhand 23 authentischer Fallbeispiele

3., überarbeitete Auflage

Fraunhofer IRB Verlag

Bibliografische Information der Deutschen Nationalbibliothek:
Die Deutsche Nationalbibliothek verzeichnet diese Publikation in der Deutschen Nationalbibliografie; detaillierte bibliografische Daten sind im Internet über www.dnb.de abrufbar.

ISBN (Print): 978-3-7388-0613-7
ISBN (E-Book): 978-3-7388-0613-7

Herstellung: Andreas Preising
Layout: Dietmar Zimmermann
Umschlaggestaltung: Martin Kjer
Satz: IRB Verlag
Druck: AZ Druck und Datentechnik GmbH, Kempten

Fraunhofer-Informationszentrum Raum und Bau IRB
Nobelstraße 12, 70569 Stuttgart
Telefon +49 711 970-2500
Telefax +49 711 970-2508
irb@irb.fraunhofer.de
www.baufachinformation.de

Ihr BuchPlus-Vorteil:

Nutzen Sie das BuchPlus-Angebot und erhalten Sie als Käufer dieses Buches 70 % Rabatt auf das E-Book!

BuchPlus Vorteilscode*:
buch_1051_97534

So einfach geht's:

- Auf www.baufachinformation.de das von Ihnen gekaufte Buch auswählen
- Das dazugehörige E-Book in den Warenkorb legen
- Am Ende des Bestellprozesses im Gutschein-Feld den Vorteilscode eingeben
- Nach Abschluss des Kaufs: E-Book downloaden

* Bitte beachten Sie:
Dieser Code wurde individuell erstellt. Er gilt nur für den Käufer dieses Buches. Er darf nicht an Dritte weitergegeben werden und ist nur einmalig gültig.
Sollte das Buch zurückgezogen werden, z.B. weil es vergriffen ist oder neu aufgelegt wird, wird auch der Code ungültig.

Michael Grübel

Richtig handeln bei Wasser- und Feuchtigkeitsschäden

Gebäudetrocknung in der Praxis

Inhaltsverzeichnis

Vorwort des Autors zur dritten, überarbeiteten Auflage

Die erste und zweite Auflage des Buches sind sehr gut aufgenommen und von den Lesern mit viel positiver Resonanz belohnt worden, so dass auch die dritte Auflage vollkommen überarbeitet folgen konnte. Dennoch ist auch bei der dritten Auflage keine komplette Veränderung des Buches vorgenommen worden, da sowohl in der ersten als auch in der zweiten Auflage nur geringfügige Verbesserungen vorgenommen worden sind.

Auch für die dritte Auflage wünsche ich Ihnen, meine lieben Leserinnen und Leser, viel Freude und hoffe, dass Sie viele interessante Informationen für die eigene tägliche Arbeit entnehmen können.

1 Einleitung

Lebenselixier Wasser – für Immobilien die Pest!

Die Zahl der feuchtigkeitsbedingten Schadensfälle nimmt stetig zu. Ursächlich dafür sind einerseits der wachsende Bestand an alten Gebäuden, die besonders anfällig für Leitungswasser- sowie für Feuchteschäden an Mauerwerk und Holzbestand sind, und andererseits die klimatischen Veränderungen, die zu wärmeren Wintern und damit steigenden Wasserpegeln führen. Unangenehmer Nebeneffekt: Immer mehr Häuser bekommen »nasse Füße«[1]. Auch die Wasserschäden in Folge von Sturm, Hagel und Starkregen nehmen seit einigen Jahren deutlich zu. Der Orkan »Kyrill« beispielsweise bescherte den Versicherern im Jahre 2007 unerwartet hohe Kosten, »Emma« hinterließ 2008 zwar weniger Schäden, verdeutlichte aber, dass wir uns zukünftig auf Extremwetter-Ereignisse einstellen müssen. So ereigneten sich im Jahr 2013 das Tief »Andreas«, welches im Hochsommer einen Hagelsturm über Baden-Württemberg und Bayern brachte und 2015 der Orkan »Niklas«, welcher besonders Nordrhein-Westfalen traf.

Dabei gilt: Wasser, das Lebenselixier des Menschen, ist für eine Immobilie in der Regel die Pest. Leider werden Wasserschäden in ihrer Vielfalt in der Versicherungsbranche noch nicht gesondert erfasst. Denn es gibt nicht nur klar erkennbare Leitungswasserschäden, sondern auch Wasserschäden durch Regen oder Überschwemmung, zum Beispiel nach einem Orkan oder Hochwasser. Hier werden die Schäden als Sturmschäden deklariert, und es bleibt unklar, welchen Anteil der Wind und welchen das Wasser hatte.

Oft sind Wasserschäden durch eine Versicherung gar nicht abgedeckt, beispielsweise wenn jemand fahrlässig gehandelt hat, etwa Regenwasser durch ein offenes oder gekipptes Fenster eindringen konnte oder Handwerker bei der Arbeit gepfuscht und eine bestimmte Dämmung versäumt haben. Beispiele dafür werden Sie in diesem Buch zuhauf finden. Aber auch die »Jahrhunderthochwasser«, die inzwischen fast jährlich die Flüsse über die Ufer treten lassen – 2002 an Elbe und Donau, 2005 in den Alpen, 2006 an der Elbe, 2007 in der Schweiz, 2013 in Mitteleuropa –, verursachten Schäden in Millionenhöhe, die durch keine Versicherung abgedeckt waren. Kosten, für die dann der Staat vereinzelt und medienwirksam einsprang. Insofern können leider keine präzisen Zahlen genannt werden, die die ökonomischen Folgen von Wasserschäden beziffern würden.

Alle 30 Sekunden platzt, leckt oder tropft ein Leitungsrohr

Leitungswasserschäden, die in verbundenen Hausrat- und Wohngebäudeversicherungen auftreten, werden jedoch im Jahrbuch des Gesamtverbandes der Deutschen Versicherungswirtschaft GDV gesondert ausgewiesen (Bild 1.1). Hier gibt es also sehr

1 Begriffsprägung von F. Frössel in »Mauerwerkstrockenlegung und Kellersanierung«, siehe Kapitel »Empfohlene und verwendete Fachliteratur«

konkrete Zahlen: In den letzten Jahren halten sich diese Schäden konstant bei etwa 1,07 Millionen Fällen pro Jahr, die von den Versicherungen für etwa 3,08 Milliarden Euro reguliert werden. Im Klartext: Alle 30 Sekunden platzt, leckt oder tropft irgendwo in Deutschland ein Leitungsrohr und richtet einen durchschnittlichen Schaden in Höhe von etwa 2 881,– Euro an – wohlgemerkt: Das sind nur die versicherten Fälle!

Demnach gibt es doppelt so viele erfasste Schäden durch Leitungswasser wie durch Feuer. Allerdings liegen die durchschnittlichen Kosten bei einem Feuerschaden auch bei 3 900,– Euro, also etwa ein Drittel höher als bei einem Schaden durch Leitungswasser, wenngleich natürlich Wasser auch bei einem Brandschaden eine erhebliche Rolle spielt: Manchmal sind die Schäden durch Löschwasser größer als die durch das Feuer selbst.

Zur Wasserschadensbilanz hinzuzurechnen wären zu geringen Anteilen noch die als Sturm- und die als Elementarschäden erfassten Kosten. Bei Sturm und Orkan entstehen sie natürlich vorrangig durch vom Wind herabgerissene Dachziegel, durch Sachschäden, verursacht von umstürzenden Bäumen, oder an Fensterscheiben, die von herumfliegenden Teilen zerstört wurden. Aber ein nicht unerheblicher Teil der Kosten ist auf Wasserschäden zurückzuführen, zum Beispiel weil es durch die kaputten Dächer oder Fenster hereinregnet und Teppichböden, Sofagarnituren oder Bibliotheken dem Wasser zum Opfer fallen.

Wenn wir dem Wasser nur den Minimalsatz von einem Prozent der Kosten zuschlagen, ergeben sich rechnerisch allein durch die Schäden 2007 noch einmal mehr als 23 Millionen Euro. Realistischer dürften 10 Prozent sein, was für die Versicherungen eine Belastung von etwa 230 Millionen Euro bedeutete.

Schäden je Gefahr in der Verbundenen Hausrat- und Wohngebäudeversicherung

	Zahl der Schäden in 1000			Schadenaufwand in Mio. EUR			Schadendurchschnitt in EUR 3)		
	2017	2018	2019	2017	2018	2019	2017	2018	2019
Verbundene Hausratversicherung (VHV)									
gesamt 1)	987	943	870	1.267	1.274	1.237	1.284	1.350	1.422
Feuer 2)	230	210	170	360	370	350	1.554	1.769	2.159
Einbruchdiebstahl 2)	340	310	290	490	440	440	1.461	1.428	1.563
Leitungswasser 2)	170	170	160	260	280	280	1.478	1.630	1.744
Sturm 2)	140	130	120	60	60	50	438	421	432
Glas 2)	50	50	50	20	20	20	387	396	416
Elementar 2)4)	20	10	10	30	50	30	2.051	2.509	2.120
Verbundene Wohngebäudeversicherung (VGV)									
gesamt 1)	2.310	2.605	2.137	5.208	5.969	5.807	2.255	2.291	2.717
Feuer 2)	200	200	180	1.040	1.160	1.170	5.038	5.886	6.639
Leitungswasser 2)	1.140	1.080	1.070	2.760	2.940	3.080	2.408	2.704	2.881
Sturm 2)	850	1.200	770	1.110	1.430	1.240	1.315	1.187	1.591
Elementar 2)4)	20	60	50	160	290	180	3.830	5.035	3.598

1) Alle Versicherungsunternehmen; 2) Schätzung auf Grund von Teilbeständen (mit der Genauigkeit gerundet auf 10.000 Stück bzw. 10 Mio. EUR); 3) Es wurden alle Unternehmen berücksichtigt, die bei der jeweiligen Kennzahl zugrunde liegende Messzahlen auf die Untersparten aufgeteilt haben. Daraus wurde direkt (ohne Hochrechnung) der Schadendurchschnitt ermittelt. 4) Versichert sind die Gefahren Überschwemmung (Ausuferung und Starkregen), Rückstau, Erdsenkung, Erdrutsch, Schneedruck, Lawinen, und Vulkanausbruch

Quelle Gesamtverband der Deutschen Versicherungswirtschaft e.V.

Bild 1.1: Leitungswasserschäden, die in verbundenen Hausrat- und Wohngebäudeversicherungen auftreten, werden im Jahrbuch des GDV gesondert ausgewiesen.

Wasserschäden infolge von Rohrbrüchen, undichten Leitungen, Feuer, Lawinen oder Unwettern verursachen also für die Versicherungsbranche jedes Jahr Kosten von etwa 2 Milliarden Euro, das sind mehr als ein Drittel der gesamten Aufwendungen für Sachschäden!

Für Immobilienbesitzer wird der Schaden ungleich höher sein, wenn man bedenkt, dass längst nicht alle Wasserschäden durch Versicherungen abgedeckt sind.

Versicherungen für Wasserschäden

Überlaufende Regenrinnen, Hagelschauer, die Autos oder Terrassenmöbel demolieren, oder über die Ufer getretene Flüsse, die Keller volllaufen lassen – welche Versicherung zahlt für welche Schäden? Hier eine kleine Orientierungshilfe:

Regenwasser, das ins Haus eingedrungen ist, ist oft ein Fall für die *Hausratversicherung*, allerdings nur, wenn zuvor – etwa durch Sturm oder Hagel – ein Fenster, eine Tür oder das Dach Schaden genommen hat. Ein unbedacht gekipptes oder offenes Fenster wäre dagegen ein Ausschlusskriterium für die Schadensregulierung; hier könnte eventuell die *Haftpflichtversicherung* in Anspruch genommen werden. Hausratversicherer zahlen in der Regel nur für Leitungswasserschäden. Dasselbe gilt für die *Wohngebäudeversicherung*; sie ist vor allem der Ansprechpartner bei

Sturmschäden. Ob umgeknickter Baum, herabgerissene Dachschindel oder eingedrückte Fensterscheiben: Ab »Windstärke 8« sind die Folgeschäden eines Sturms durch die *Wohngebäudeversicherung* gedeckt.

Hagelschäden, die zum Beispiel den Wintergarten oder Fensterscheiben betreffen, sind ebenfalls Sache der *Hausrat-* oder *Wohngebäudeversicherung*. Ist das Auto betroffen, greift die *Fahrzeug-Teil-* oder *-Vollkaskoversicherung*.

Hochwasserschäden zählen zu den sogenannten Elementarschäden. Eine *Elementarschadensversicherung* kann zusätzlich zur Hausrat- oder Wohngebäudeversicherung abgeschlossen werden. Hochwasser ist in dieser Schadenskategorie die am häufigsten auftretende natürliche Schadensursache. Trotzdem ist es erst seit 1994 grundsätzlich möglich, sich gegen Überschwemmungen zu versichern. Vor allem besonders gefährdete Gebiete blieben häufig außen vor, weil Versicherungen das Risiko nicht abschätzen konnten. Inzwischen gibt es aufgrund dauerhafter Beobachtungen ein elektronisches Zonierungssystem für Überschwemmung, Rückstau und Starkregen (ZÜRS), nach dem Gebiete in vier Gefährdungszonen eingeteilt sind. Der Beitrag wird in Abhängigkeit von Gefährdungsgrad und Wiederkehrperiode der Überschwemmungen kalkuliert.

So ist es gerade die Versicherungsbranche, die sich besonders mit Maßnahmen zur Schadensbegrenzung oder -regulierung nach Wassereintritt beschäftigt. Für Gebäudeversicherer, aber auch für Haftpflichtversicherer von beteiligten Handwerkern, wächst rund um das Thema Wasserschäden ein unübersichtliches Gewirr von möglichen Ansprüchen und Forderungen, denen der normale Schadenregulierer kaum mehr gewachsen ist. Denn bei scheinbar immer gleichem Schadensbild muss der Versicherungskaufmann entscheiden, ob es sich um einen regulären Sach- oder nicht vielleicht doch um einen Haftpflichtschaden handelt. Im Zweifel wird er einen Experten einschalten.

Es kann also sein, dass das, was zunächst wie ein Leitungswasserschaden aussieht, in Wahrheit ein Baumangel ist, weil Feuchtigkeit durch schlecht abgedichtete Außenwände ins Gebäude eindringen kann. Oder es kommt vor, dass nicht die Feuchtigkeit ursächlich ist für die Bauschäden, sondern dass es mangelhaft ausgeführte Trocknungsarbeiten sind.

Besonders kniffelig wird es, wenn ein Wasserschaden nur behauptet oder sogar vorgetäuscht wird, um in betrügerischer Absicht Versicherungsleistungen in Anspruch zu nehmen. Jeder Versicherungskaufmann sollte daher ein Grundwissen über Wasser- und Feuchtigkeitsschäden besitzen. Meist entstehen durch Feuchtigkeit erhebliche Folgeschäden, weil Baumaterialien unterschiedlich reagieren. Teils bilden sich Kristalle aus Salzen und Mineralien, die wiederum das Mauerwerk oder den Putz angreifen. Teils kommt es durch Schädlings- oder Pilzbefall zu biologischen Schäden, die vor allem ein hygienisches Problem darstellen.

Bei Neubauten sind die Materialien in der Regel gut bekannt. Bei historischen Gebäuden bedeutet die Gebäudetrocknung jedoch nicht selten eine ungeahnte Herausforderung: Schließlich ist viel des Wissens über die Bautechniken der Vergangenheit verloren gegangen, und es fehlt die Erfahrung, wie historische Bauteile auf moderne Trocknungstechniken reagieren.

Daher entstehen manchmal gerade erst bei der (fehlerhaften) Gebäudetrocknung Schäden, für die eine Versicherung oder der Bauherr selbst aufkommen muss – wenn nicht sogar erst in einem langwierigen Rechtsstreit geklärt werden wird, wer die Verantwortung für welche Schäden zu tragen hat.

Oft genug werde ich als Gutachter ins Gericht geladen, um solche Fälle zu beurteilen. Ich mache mich dann als »Gebäudedetektiv« auf die Spurensuche – in der Regel mit klarem Ergebnis: Mittels akribischer Beweisaufnahme können wir Experten der Gebäudetrocknung in fast allen Fällen letztlich eindeutig erkennen, wer für welche Schäden verantwortlich ist und für die Beseitigung aufkommen muss.

Gebäudetrocknung: Ohne breites Fachwissen geht gar nichts

Bei alledem ist es also durchaus angebracht, sein Augenmerk auf etwas zu richten, was für viele bislang nur ein Randthema war: die Gebäudetrocknung. Die Ursachen für Wasserschäden sind vielfältig, daher erfordert auch ihre Behebung großes Expertenwissen. Oft genug hat Wasser verheerende Folgen, aber bisweilen kann intelligente Gebäudetrocknung den Schaden klein halten oder sogar vollends beheben.

Jede Hausfrau macht tagtäglich die Erfahrung, was richtige Trocknung bewirken kann: Frisch gewaschene Wäsche, egal mit welchem Frühlingsduft parfümiert, würde grausam zu riechen beginnen, ließe man sie zusammengeknüllt in einer Tonne trocknen, statt sie frühzeitig auf eine Leine in einem geheizten Raum zu hängen, in dem ausreichend temperierte Luft zirkuliert.

Nicht das Wasser ist also das Problem, sondern die falsche oder unsachgemäße Trocknung: Leinen trocknet anders als Seide, Wolle muss anders aufgehängt werden als Polyacryl – Kompetenz spart Geld.

Das gilt umso mehr für die Gebäudetrocknung, für die ein ungleich größeres Wissen über verschiedene Materialien und ihre Befeuchtungs- und Trocknungseigenschaften sowie über unterschiedliche Trocknungsmethoden erforderlich ist. Parkett verhält sich anders als Teppichboden; Fliesen reagieren je nach Material unterschiedlich; Dämmstoffe wie etwa Holzwolle reagieren auf verschiedene Weise auf Feuchtigkeit oder Warmluft. Und dann gibt es auch noch unzählige Arten von Schimmelpilzen und Schädlingen, die in überfeuchteten Räumen für Verdruss sorgen können.

Trocknungstechniker müssen gleichermaßen bewandert sein in Fragen der Baukonstruktion (Was liegt unter dem Holzboden? Worauf schwimmt der Estrich?) wie der Baustoffkunde (Was unterscheidet Stein, Beton, Linoleum und so weiter?). Sie brauchen ein vernünftiges naturwissenschaftliches Basiswissen (Biologie, Physik, Chemie), müssen diverse Präzisionsinstrumente und die Grundlagen der Feuchtigkeitsmesstechnik beherrschen (Luftgeschwindigkeitsmessung, Widerstandsmessung, Neutronensonden und so weiter) und natürlich sämtliche Funktionen diverser Trocknungsgeräte kennen, vom Kondensationstrockner über die Mikrowelle bis zum Infrarotstrahler. Sie müssen unterschiedliche Gefährdungen, zum Beispiel durch Schwammbefall, erkennen und beurteilen können, die Biostoffverordnung beachten, für Arbeits- und Umgebungsschutz sorgen, Staubläuse und Bakterien bekämpfen, Schimmelpilzbefall sanieren und mögliche chemische Reaktionen bei der Trocknung voraussehen und gegebenenfalls verhindern.

Sie merken: Gebäudetrocknung ist ein sehr viel komplexeres Thema, als die meisten ahnen. Und mit fachkundiger Trocknungstechnik lassen sich viele Schäden kostengünstig beheben.

Jeder Schaden hinterlässt Narben – besser vorbeugen!

Doch lieber wäre es den meisten wohl, die Schäden würden gar nicht erst entstehen. Auch Architekten und Bauunternehmer können über Wasserschäden in und an Immobilien sowie über die vielfältigen Möglichkeiten der Gebäudetrocknung noch so manches hinzulernen. Wer schon bei der Planung einer Immobilie frühzeitig geeignete Maßnahmen berücksichtigt, kann das Risiko späterer Wasserschäden oft gänzlich ausräumen: Auch beim Um- oder Ausbau sollte der Immobilienbestand genauestens auf vorhandene Wassereintrittsstellen oder gar bereits existierende Wasserschäden geprüft werden. Und auch die Bauarbeiten selbst – sei es beim Ausheben der Baugrube, sei es zum Beispiel beim Auflegen von Estrich oder bei Dichtungsarbeiten am Dach – sind stets unter Beachtung möglicher Wasserschäden-Risiken auszuführen.

Das wäre nicht nur im Sinne der Geldbeutel von Bauherr und Versicherung, sondern häufig auch im Sinne der Gebäude. Denn jeder Schaden, egal wie gut er letztlich behoben wurde, hinterlässt Narben. In ganz schlimmen Fällen ist nach einem Wasser- oder Trocknungsschaden sogar der Rückbau ganzer Gebäudeteile notwendig, und dann fehlt oft das Geld für dringendere Instandsetzungs- oder Instandhaltungsarbeiten.

Wer über Grundkenntnisse technischer Gebäudetrocknung verfügt, kann Wasserschäden besser beurteilen, Ursache und Wirkung klarer zuordnen, so manchen Wasserschaden durch geeignete Baumaßnahmen im Vorfeld verhindern und bei einem Schadensfall leichter entscheiden, welche Optionen er jenseits einer blinden und kostspieligen Schadensregulierung hat.

Praxisbeispiele: Vom Klassiker bis zum Fäkalien-Albtraum

Genau darum geht es in diesem Buch: Es ist als leicht verständliches Grundlagenwerk der Gebäudetrocknung gedacht und soll einen fundierten Einblick in sämtliche Facetten möglicher wasserbedingter Schadensfälle geben. Dabei geht es zum einen darum, Verständnis für die Gefahren von Schäden durch Baufeuchte zu schaffen, zum anderen aber auch darum, Arbeiten von Sanierungsfirmen verstehen und beurteilen zu können.

Dass ich die vielfältigen fachlichen Aspekte nicht nüchtern aufgelistet, sondern einen lebendigen Bericht aus der Praxis verfasst habe, soll Ihnen helfen, das Thema Gebäudetrocknung in all seinen Facetten zu verstehen.

In den folgenden Kapiteln finden Sie dreiundzwanzig Fälle aus meiner Arbeitspraxis der letzten fünfundzwanzig Jahre, eine kleine Auswahl aus weit mehr als 35.000 bearbeiteten Fällen aus meiner Unternehmerpraxis und dem Sachverständigenbüro. Es gibt grobe Fahrlässigkeiten darunter, grässliche Dummheiten, tragische Unglücksfälle, fatale Verkettungen von Zufällen, aber auch Extremschäden und sogar skurrile Einzelfälle.

Am Ende ist ohnehin kein Fall wie der andere, und es braucht neben dem umfassenden theoretischen Wissen eine Menge Erfahrung, um das Zusammenspiel der vielen relevanten Faktoren bei Wasserschäden zu durchdringen. Doch alle in diesem Buch beschriebenen Schäden sind auf ihre Weise typisch und machen in dieser und ähnlicher Form das Gros meiner täglichen Arbeit aus.

Unter allen Gliederungsmöglichkeiten schien mir die simple Sortierung nach Oben – Mitte – Unten die beste. »Oben«, im ersten Teil des Buches, finden Sie zahlreiche »Dachschäden«, also Fälle, bei denen das Wasser durch das Dach eindrang oder durch die Decke kam. Im zweiten Teil, »Mitte«, finden sich die vielen Klassiker wieder, also all die Fälle, in denen sich Wasser in der Wand oder in der Zwischendecke sammelt, wo es nicht hingehört. Und im dritten Teil, »Unten«, geht es um Fälle, bei denen Immobilien »nasse Füße« bekamen, darunter auch der wahre Albtraum eines widerlichen Wasserschadens, bei dem ich mit (m)einem Keller voller Fäkalien zu tun hatte. Ich orientiere mich in meinem Buch eng an den praktischen Fragestellungen der Bauherren und der Schadenregulierer, die in der Regel zwar über ein hohes Maß an kaufmännischer Kompetenz, aber nur über ein geringes Wissen in Sachen Gebäudetrocknung verfügen.

Eine möglichst verständliche und anschauliche Sprache ist darum selbstverständlich. Und ich erwarte von Ihnen bei der Lektüre keine speziellen Vorkenntnisse. Fachbegriffe versuche ich zu vermeiden, falls sie aber nötig sind, werde ich sie möglichst anschaulich erklären. Viele Beispiele aus der Praxis, darunter auch manche Kuriosität, sollen das Buch – wenngleich das auf Anhieb bei diesem Thema unvorstellbar scheint – bei aller Sachlichkeit und Präzision zu einem Vergnügen machen.

Mir bereitet meine Arbeit Freude, und seit meine Mitarbeiter mir im Herbst 2008 einen »Trocknungstango« vorgesungen haben, ahne ich, dass ich mit dieser seltsamen Art von Vergnügen nicht ganz alleine bin. Den Song können Sie sich gern auf unserer Webseite anhören!

Viel Spaß beim Lesen!

Ihr Michael Grübel

www.Gruebel-SV.de

2 Schäden im Dachbereich

Vier Fälle aus der Praxis

2.1 Die verschlungenen Wege des Wassers Führte die Aufstockung eines Hauses zu Feuchtigkeit im Wohnzimmer?

Im Sommer 2007 wurde ich in ein Wohngebiet im Umland gerufen. Der Besitzer eines knapp 40 Jahre alten Einfamilienhauses befand sich im Streit mit einem Bauunternehmen. Er hatte die Firma beauftragt, das 1970 errichtete Fertighaus um ein Geschoss aufzustocken. Die Bauarbeiten waren noch nicht abgeschlossen, denn der Besitzer hatte sie stoppen lassen, als er entdeckte, dass aus der Decke im Erdgeschoss Feuchtigkeit austrat. Graue Wasserflecken auf Pflanzen, Mobiliar und Eimern waren der untrügliche Beweis, dass irgendetwas nicht in Ordnung war (Bild 2.1).

Das Bauunternehmen wies jede Schuld von sich. Man habe sämtliche Arbeiten ordnungsgemäß erledigt und sehe keine Schuld für diesen Feuchtigkeitsschaden. Die Tatsache, dass die Bauarbeiter, wenige Stunden bevor das Wasser austrat, im neuen Obergeschoss den Estrich eingebracht hatten, wurde nicht bestritten – aber jeglicher Zusammenhang. Schließlich habe man zur Abdichtung eine überlappende Folie über die gesamte Unterkonstruktion gelegt, auf der dann der Fließestrich ausgegossen worden sei. Des Weiteren habe die Systemplatte der Fußbodenheizung die Funktion einer Dichtungsebene. Die Feuchtigkeit des Estrichs würde nun wie üblich an der Luft, nach oben weg, langsam austrocknen, nach unten könne keine Feuchtigkeit austreten.

Nach zweiwöchigem Streit hatte der Eigentümer mich mit einem Gutachten beauftragt. Schließlich musste er ohnehin herausfinden, wie sich der Wasserschaden eingrenzen und, besser noch, beheben ließe. Und die Schuldfrage würde sich durch das Gutachten quasi nebenbei klären, denn wenn erst die Ursache des Schadens bekannt sei, würde man ja vermutlich auch den Verursacher benennen können.

Bild 2.1: Graue Wasserflecken auf Pflanzen sind Indizien für einen Wasserschaden.

Ich konnte mir schnell einen Überblick verschaffen. Der Schaden war offensichtlich und ließ sich leicht eingrenzen: An den Decken im Erdgeschoss waren Paneele angebracht. Auf ihnen waren leichte bis mittlere Quellspuren ersichtlich.

Am Estrich im Obergeschoss waren keine erkennbaren Schäden festzustellen. Durch Abtasten der Randbereiche, wo der Randdämmstreifen mit der Systemplatte verbunden ist, konnte ich in Teilen noch kleine Mengen freien Wassers feststellen. Allerdings war das nicht als kritisch zu bewerten, schließlich lag der Estrich noch keine drei Wochen, und diese Zeit reicht für eine vollständige Trocknung in der Regel nicht aus.

Estricharten (Bindemittel)

Als Estrich bezeichnet man im Regelfall die Schicht zwischen der tragenden Bodenkonstruktion (wie Beton und Holzbalken) und dem eigentlichen Bodenbelag (wie Teppich und Parkett). Der Name stammt aus dem Alt-Griechischen: Ostrakon bedeutet Scherbe. Damals wurden Böden mit Ziegeln und Scherben gepflastert. Heute werden Estriche aus körnigen und flüssigen Materialien hergestellt, meist als Fließestrich auf dem Boden ausgegossen und von den Handwerkern abschließend geglättet. Estrich trocknet nicht (nur das überschüssige Anmachwasser verdunstet), sondern härtet je nach Bindemittel nach und nach aus.

Bei manchen Estricharten ist sogar besonders darauf zu achten, dass sie während der Bauzeit nicht austrocknen. Es gibt unterschiedliche Arten von Estrich. Nassestriche aus Mörtel werden nach dem Bindemittel bestimmt, das sich jeweils im Namen wieder findet.

Am bekanntesten sind **Zementestriche**. Zement ist ein Bindemittel aus den Rohmaterialien Kalk, Ton, Quarzsand und oft auch Hochofenschlacke. Er wird mit Wasser, Sand und Kies zu einer zähflüssigen Masse gerührt, die auf dem Boden verstrichen wird und dann langsam aushärtet.

Terrazzo beispielsweise ist im modernen Hausbau in der Regel ein mit farblichen Pigmenten angereicherter Zementestrich. Zementestrich ist weitestgehend wasserresistent.

Gussasphaltestrich ist ein wasserfreies, zähflüssiges Gemisch aus geschmolzenem Bitumen (Erdöl-Destillat), in das Sand und Split eingerührt sind. Früher wurde Teer verwendet, der jedoch giftig ist. Dieser Estrich muss bei +230 bis 250 °C verarbeitet werden, wird mit einer Temperatur von +170 bis 200 °C eingebracht und ist begehbar, sobald er erkaltet ist.

Der Asphalt zieht sich beim Erhärten von der Wand weg. Gussasphalt ist thermoplastisch, das heißt, er lässt sich unter Wärmeeinwirkung verformen.

Das thermoplastische Verhalten richtet sich nach der Härte des Estrichs. Je nach Einstellung zur Nutzung (weicher oder härter), kann er schon bei einer Temperatur von ca. 35 °C eine Verformung erfahren. Diese Temperatur ist bei dem Einsatz eines Adsorptionstrockners in Verbindung mit einem Verdichter leicht zu erreichen und kann bei falschem Einsatz zu Schäden am Bodenaufbau führen.

Gussasphaltestrich ist teuer in der Herstellung. Dafür besitzt er eine hohe Wärmedämm- und Schallschutz-Fähigkeit und kann schwellen- und fugenlos eingebracht werden. Er ist wasserbeständig und deswegen besonders für Nassräume geeignet. Bei Altbausanierungen wird er auch gerne als Sperrschicht gegen aufsteigende Feuchtigkeit eingesetzt. Aber auch bei Neubauten kommt Gussasphaltestrich zum Einsatz: Durch Schleifen oder farbige Pigmentierung kann er zu einem eleganten Oberboden veredelt werden.

Calciumsulfatestrich, früher auch Anhydritestrich genannt, gehört zu den wasserbasierenden Estrichen, die mit Calciumsulfat, also Gips, gebunden werden. Sie werden meist als Fließestrich eingebracht und sind leicht und schnell zu verarbeiten, da sie großflächig gegossen werden und sich dank ihrer flüssigen Konsistenz selbst nivellieren. Bei großflächigen Verlegungen lassen sich pro Tag bis zu 1500 m² Estrich-Fläche gießen. Allerdings muss bei der Verarbeitung darauf geachtet werden, dass kein Estrichmörtel durch irgendeine Öffnung fließen kann.

Besonders gern kommt Fließestrich im Zusammenspiel mit Fußbodenheizungen zum Einsatz. Dank der möglicherweise geringen Dicke (bis zu minimal 35 mm nach DIN 18560) über dem Heizrohr benötigt der Estrich nur eine kurze Aufheizzeit. Seine hohe Wärmeleitfähigkeit stellt sicher, dass die Wärme gut an die Umgebungsluft abgegeben werden kann. Fließestrich ist jedoch (auch ausgehärtet) sehr wasserempfindlich und darf der Feuchtigkeit nicht über einen längeren Zeitraum hinweg ausgesetzt werden. In Badezimmern oder Nasszellen kommt er deswegen nur zum Einsatz, wenn er durch weitere Beläge gegen Oberflächen- wie auch gegen Bodenfeuchtigkeit ausreichend abgedichtet werden kann.

Seit einigen Jahren wurden aus Kosten- und Umweltschutzgründen die Zementzusätze und somit die Zusammensetzung von Zementestrich verändert. Werden also CM-Messungen durchgeführt, ist es zwingend, dass vor der Messung beim Hersteller des Estrichs die genauen CM-Werte abgefragt werden, bei denen die einzelne Estrichrezeptur als »trocken« einzustufen ist. Weiterhin können dem Estrich Zusatzmittel beigemischt worden sein, die den Messwert verfälschen.

Weder im Erd-, noch im Obergeschoss fiel mir irgendeine Geruchsbildung auf, die auf einen organischen Befall hingedeutet hätte. Oft ist die Nase das wichtigste Spürinstrument des Gebäudedetektivs (siehe auch »Michael Grübel: Wasser- und Feuchteschäden an Gebäuden – Schadensfälle aus der Gutachterpraxis, Fraunhofer IRB Verlag, 2020). In diesem Fall roch ich jedoch nichts. Als ich im Erdgeschoss allerdings einige Deckenpaneele im Schlafzimmer entfernte, zeigte sich zwischen den Paneelen und der ursprünglichen Deckenplatte auf einer Fläche von etwa anderthalb Quadratmetern organischer Befall (Bild 2.2). Nicht mehr lange, und der Schaden wäre nicht mehr zu »überriechen« gewesen …

Im weiteren Deckenaufbau und auch im ebenfalls betroffenen Büro und Gästezimmer nebenan konnte ich jedoch keinen sichtbaren Befall feststellen. Nach Abmontieren der Paneele wurde augenscheinlich, an welchen Stellen das Wasser durch die

Bild 2.2:
Bald wäre er nicht mehr zu »überriechen« gewesen: organischer Befall zwischen Paneelen und Deckenplatte.

Bild 2.3:
Nach Entfernen der Deckenpaneele wird der Wasserschaden deutlich sichtbar.

Decke getreten war, nämlich an der Fensterseite der Räume. Dann hatte es sich auf den Bodenflächen und dem Inventar verteilt (Bild 2.3).

Diese Beobachtung im Zusammenhang mit dem Zeitpunkt des Wasseraustritts brachte mich auf die richtige Fährte: Der vor Ort tätige Architekt hatte einen Gefälleausgleich zu dieser Gebäudeseite hin vornehmen müssen. Das Wasser ist im Deckenhohlraum direkt zu dieser Gebäudeseite gelaufen, bevor es den Weg in die Innenräume gefunden hat.

Zur weiteren Absicherung hätten wir durchfeuchtete Teppichstücke entnehmen und im Labor untersuchen lassen können. Hätte man dort Spuren von Calciumsulfat entdeckt, wäre das ein sicherer Beweis dafür gewesen, was der Bauherr ohnehin vermutet hatte und wovon auch ich mittlerweile überzeugt war: Das Wasser stammte aus dem Calciumsulfat-Fließestrich, der im Obergeschoss ausgebracht worden war. Wir sparten uns die Kosten, denn es war zu offensichtlich. Die Frage war nur noch, wieso das Wasser durch die Folie gelangt war, die genau das ja eigentlich verhindern sollte, und die vom Bauunternehmen ordnungsgemäß verlegt worden war.

Ich ließ mir vom Bauunternehmer detailliert die gesamte Baukonstruktion und den genauen Ablauf der Bauarbeiten erklären: Das Haus war ein in Holztafelbauweise errichtetes Fertighaus. Die ursprüngliche Deckenkonstruktion wurde den statischen Anforderungen einer Aufstockung nicht gerecht. Deswegen war die neue zweite Ebene über Stahlträger und Balkenlage aufgebaut worden. Darauf waren eine OSB-Platte, eine überlappende Folie, Dämmmaterial und die Fußbodenheizung per Systemplatte mit Dämmebene eingebracht worden. Das klang alles plausibel und fachgerecht.

Doch bei kleinteiliger Betrachtung entdeckte ich den entscheidenden Fehler, der beim Einbringen der Fußbodenheizung begangen worden war: Zur Befestigung waren die Fußbodenschlangen mittels Clips »festgeschossen« worden. Hierbei wurde die auf der Systemplatte als »Dichtungsebene« aufgebrachte Folie durchstoßen (Bild 2.4).

Bild 2.4: Das »Festschießen« der Clips hatte für stecknadelgroße Löcher gesorgt. Das Anmachwasser des Estrichs konnte daher ohne Weiteres in die Etage darunter laufen.

Beim eigentlichen Arbeitsvorgang waren dadurch Löcher entstanden, die nur wenige Millimeter groß waren, aber für einen Wasserschaden ausreichten. Stecknadelgroße Löcher verwandeln einen Eimer in ein Sieb. Der Dichtungseffekt war durch die »Einschusslöcher« der Clips erheblich beeinträchtigt – zumal die Löcher durch die Belastung der fortlaufenden Bauarbeiten weiter aufgerissen sein dürften. Das Anmachwasser des Estrichs konnte ohne Weiteres durch die Öffnungen dringen, unterhalb der nicht vollständig verklebten und teilweise auch abgerissenen Folie der Systemplatte herziehen und schließlich an den Plattenstößen in die Ebene darunter laufen.

So erklärte sich auch, dass das Wasser erst einige Stunden nach dem Einbringen des Estrichs im Untergeschoss austrat: Die auf der OSB-Platte (oriented strand board = Grobspanplatte) verlegte Folie konnte das Wasser eine gewisse Zeit halten, bot jedoch keinen vollständigen Schutz. Abhängig von Anzahl und Größe der Öffnungen in der Systemplatte und der Dichtheit der weiteren Ebenen brauchte es etwa drei Stunden bis das Wasser im Erdgeschoss aus der Decke quoll.

Die Ursachen und Verursacher des Wasserschadens waren zweifelsfrei gefunden. Nun war nur noch die Frage, wie sich der Schaden möglichst kostengünstig und ohne Qualitätseinbußen sanieren ließ.

Die Lösung war denkbar einfach: Wir ließen den Estrich beziehungsweise die darunterliegende Dämmung einfach »vegetativ abtrocknen«, zu deutsch: wir warteten, bis die Feuchtigkeit vollständig verdunstet war. Sicherheitshalber überprüften wir den Boden nach der Trocknungszeit noch einmal durch Messung an der Oberfläche und in einer extra geschaffenen Bodenöffnung, um festzustellen, ob sich noch Restfeuchte oder Geruchsbildung zeigte. Das musste unbedingt ausgeschlossen werden. Auch die sicherheitshalber entnommene Materialprobe, welche wir in einem Labor auf einen mikrobiologischen Befall untersuchen ließen, wies auf Entwarnung hin. Die Dämmung konnte im Gebäude verbleiben und musste nicht ausgebaut werden. Und erst nach vollständiger Abtrocknung durfte der Bodenleger mit der Ausführung seiner Arbeiten beginnen.

Vegetative Trocknung

Trocknung bedeutet immer Entwässerung von Materialien, seien es Lebensmittel, Textilien oder eben Baustoffe. Dafür gibt es zahlreiche Verfahren, angefangen von schlichtem Auspressen oder Wringen, über Verdunstung, Verdampfung oder Gefriertrocknung (Fachbegriff: Sublimationstrocknung), bis hin zu chemischen Verfahren, etwa durch Salz (siehe auch WTA-Merkblatt (WTA = Wissenschaftlich-Technische Arbeitsgemeinschaft für Bauwerkserhaltung und Denkmalpflege e. v.): Technische Trocknung durchfeuchteter Bauteile, Teil eins Grundlagen, Merkblatt 6-15 und Technische Trocknung durchfeuchteter Bauteile Planung, Ausführung und Kontrolle, Merkblatt 6-16).

Vegetative Trocknung ist der Fachausdruck für natürliche Verdunstung. Sie ist im Bauwesen die häufigste, weil günstigste. Fast alle Baustoffe bedürfen irgendwann der Trocknung – seien es Ziegel, durch Brennen im Ofen, oder Putz, der seine Feuchtigkeit über mehrere Tage an die Luft abgibt.

Je nach klimatischen Rahmenbedingungen und dem Feuchtigkeitsgrad muss die natürliche Trocknung von Baustoffen durch technische Maßnahmen unterstützt werden, um Folgeschäden zu vermeiden. Für die technische Trocknung gibt es zahlreiche verschiedene Verfahren, Techniken und Installationsmöglichkeiten (siehe auch: Trocknungsgeräte oder Saug-/Druckverfahren).

Durch Messungen der relativen Luftfeuchte sowie der Feuchtigkeit der Holzkonstruktion in den Deckenhohlräumen im Erdgeschoss (Bild 2.5) konnte ich glücklicherweise schon bei der ersten Begehung feststellen, dass die Baustoffe trocken waren. Die natürliche Luftbewegung hatte einen kostenlosen vegetativen Abtrocknungsprozess ermöglicht, der nicht technisch unterstützt werden musste.

Lediglich in dem kleinen Hohlraum zwischen Paneelen und Deckenplatten hatte sich schnell eine relative Luftfeuchte einstellen können, die organischen Befall gefördert hatte. Die befallenen Holzteile und Paneele mussten ausgetauscht werden. Mit entsprechendem Desinfektionsmittel konnten die Deckenhohlräume gereinigt und vor fortschreitendem Befall geschützt werden. Es drohte keine weitere Gefahr. Insbesondere auch deswegen nicht, da Holz durchaus feucht werden darf, es nur später wieder abtrocknen muss. Eine Gefahr durch holzzerstörende Pilze und Insekten besteht nur, wenn das Holz dauerhaft feucht bleibt.

Der Schaden war damit geringer, als vom Bauherrn befürchtet, und der Sanierungsaufwand fast gleich null.

Bild 2.5:
Die natürliche Luftbewegung im Deckenhohlraum hat einen kostenlosen vegetativen Abtrocknungsprozess ermöglicht.

Fazit

- Für Wasser reicht das kleinste Loch.
- Dort, wo das Wasser austritt, ist es nicht unbedingt eingetreten.
- Nicht jeder Schaden ist so dramatisch, wie er scheint.
- Manchmal erledigt sich ein Schaden fast von selbst.

2.2 Schimmelpilze an Decke und Wänden Waren die Dachdecker schuld – oder der Lüftungsbauer?

Eigentlich hatte man alles richtig gemacht, sogar vertraglich qualitätssichernde Maßnahmen zur Vorbeugung von Wasserschäden vereinbart. Letztendlich gab es aber dann doch einen Wasserschaden, jede Menge Schimmelpilz und dicke Luft!

Es ging um ein Studentenwohnheim, keine kleine Hütte, sondern ein mehrere Gebäudeteile umfassender Komplex, der auch gerade erst durch einen Neubau erweitert worden war.

Das Studierendenwerk hatte als Bauherr diverse Fachbetriebe mit den einzelnen Arbeiten beauftragt und wurde dabei fachkundig von einem Architekturbüro unterstützt. Mit den Dacharbeiten am Altbestand, wie auch am neu errichteten Anbau, hatte man einen bundesweit tätigen Dachdeckerbetrieb beauftragt und von vornherein sogar eine Qualitätssicherung vertraglich vereinbart: Nach Abschluss der Arbeiten sollten die Dachflächen über einen künstlich herbeigeführten Wasseranstau auf ihre Dichtigkeit überprüft werden (Bild 2.6).

Noch während der Bau- und Sanierungsarbeiten trat in den Sommermonaten an Decken und Wänden im Altbestand der Gebäude erheblicher Schimmelpilzbefall auf. Darum beauftragte das Studentenwerk eine Fachfirma mit der Sanierung des organischen Befalls und einen Sachverständigen, der diese Arbeiten baubiologisch begleiten sollte. Die Schimmelpilz-Sanierung war bereits abgeschlossen, als es im Herbst zu der vertraglich vereinbarten Flutung der Dachflächen kam. Obgleich der Dachdeckerbetrieb durchaus sorgfältig gearbeitet hatte, gab es tatsächlich einige Undichtigkeiten im Dach. An mehreren Stellen in verschiedenen Gebäudeteilen trat Wasser durch die frisch sanierten Decken.

Bild 2.6: Nach Abschluss der Dacharbeiten werden die Dachflächen über einen künstlich herbeigeführten Wasseranstau auf ihre Dichtigkeit überprüft.

Zwar verpflichtete sich die Dachdeckerfirma, diese Schäden umgehend zu beseitigen, doch der Bauherr gab sich damit nicht zufrieden. Das Studierendenwerk sah nun in der fehlerhaften Arbeit des Dachdeckerbetriebs die Ursache für den sommerlichen Schimmelpilzbefall. Die bauleitenden Architekten behielten kurzerhand einen erheblichen Betrag der noch nicht beglichenen Rechnungen des Dachdeckers ein – zum Ausgleich für die Kosten, die durch den Schimmelpilz entstanden waren.

Damit aber war wiederum der Dachdecker nicht einverstanden. Er sah keinerlei Zusammenhang zwischen dem Schimmelpilzbefall und den Dacharbeiten und fand in jedem Fall die Höhe des zurückgehaltenen Betrags völlig unverhältnismäßig. Der Schaden beziehungsweise die noch anstehenden Reparaturkosten würden keinesfalls eine solch hohe Summe rechtfertigen, argumentierte er. So kam ich nun als Gutachter ins Spiel.

Bild 2.7: Die Durchfeuchtung der Wand ist deutlich zu erkennen.

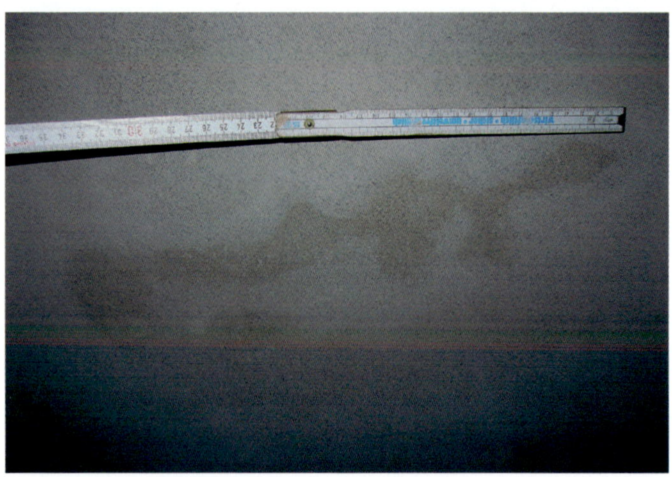

Bild 2.8: An der Decke findet sich eine massive Durchfeuchtung.

Das Bild, das sich mir in den vielen verschiedenen Gebäudeteilen bot, war in der Tat wenig idyllisch. Die Liste der Mängel war lang: Zunächst fand sich im Neubau eine stark durchfeuchtete Wand (Bild 2.7).

Dann führte der Bauherr mich weiter zu einer Studierendenwohnung in einem der alten Gebäude, an deren Decke er einen Riss auszumachen glaubte, den ich allerdings nicht erkennen konnte. Trotzdem wies die Decke eine massive Durchfeuchtung auf (Bild 2.8). In zwei weiteren Gebäudeteilen waren die Leichtbau-Verkleidungen rund um die Lüftungsrohre durchnässt (Bild 2.9) und am Dämmmaterial bildeten sich vereinzelt Tropfen. In einer Küchennische fand sich im Installationsbereich zudem eine erhebliche Durchfeuchtung.

In einem vierten Gebäude zeigte sich eine feuchtigkeitsgeschädigte Putzfläche an der Wohnungsdecke unter einem gefluteten Dach, direkt neben einem Feuchteschaden, der bereits wieder abgetrocknet war (Bild 2.10).

Bild 2.9:
Auch die Leichtbauverkleidungen hinter den Lüftungsrohren sind durchnässt.

Bild 2.10:
Die Putzfläche ist feuchtigkeitsgeschädigt, es handelt sich nicht um Restfeuchte des frischen Putzes.

Im selben Gebäude fand sich in einer Erdgeschosswohnung eine geringe Durchfeuchtung an einem Wandteil. In einem weiteren Gebäude, das zu dem Teil des Komplexes gehörte, der stark vom Schimmelpilz befallen gewesen und mittlerweile saniert war, fanden sich an der zurückgebauten Beplankung einer Raumabtrennung Schimmelpilz und nachweisbare Schäden durch Feuchtigkeit, die aber bereits abgetrocknet waren (Bild 2.11).

Lediglich bei zwei Punkten dieser langen Mängelliste sah sich der Dachdecker in der Verantwortung, nämlich bei dem zuletzt genannten Feuchtigkeitsschaden, der bei der qualitätssichernden Testflutung aufgetreten und mittlerweile schon wieder getrocknet war. Die undichte Stelle hatte der Dachdecker bereits verschlossen und war auch bereit, die Wiederherstellung der Beplankung inklusive der notwendigen Malerarbeiten zu übernehmen. Für den an derselben Stelle auftretenden Schimmelpilzbefall negierte er aber jede Schuld.

Außerdem übernahm der Dachdecker für den Putzschaden an der Decke (Bild 2.10) die Verantwortung, allerdings auch hier nur teilweise. Denn nach seiner Ansicht hatte er das bei der Testflutung vorgefundene Leck in der Dachversiegelung bereits geschlossen. Der frische, noch feuchte Fleck müsse auf Restfeuchte des neu eingebrachten Putzes zurückzuführen sein, mit dem er als Dachdecker nichts zu tun habe.

Der Bauherr und seine Architekten sahen das ganz anders. Ganz offensichtlich habe der Dachdecker seine Arbeiten nicht korrekt ausgeführt, er müsse für sämtliche Feuchtigkeitsschäden aufkommen, genauso wie für die Schimmelpilzschäden, die nach ihrer Meinung auch auf die Feuchtigkeit, die während der Sommermonate durch die undichte Bedachung gedrungen sei, zurückzuführen wären.

Der Fall war in der Tat verzwickt: War es möglich, dass an ein und derselben Stelle zwei Wasserschäden auftraten, mit unterschiedlichen Ursachen? Schließlich gab der

Bild 2.11: An der zurückgebauten Beplankung einer Raumabtrennung sind Schimmelpilz sowie nachweisbare Schäden durch Feuchtigkeit erkennbar.

Dachdecker ja für einen Teil der Schäden seine Schuld zu. Und wie verhielt es sich mit den vielen anderen Feuchtigkeitsschäden?

War nicht die Vermutung der Architekten plausibel, dass sich alle etwa zum selben Zeitpunkt aufgetretenen Wasser- und Feuchtigkeitsschäden auf dieselbe Ursache zurückführen lassen mussten? Aber konnten eine nasse Wand im Obergeschoss und nasser Putz an einer Erdgeschosswand tatsächlich durch eine Dachleckage verursacht werden?

Und welche Rolle spielten die Rohre und die Nasszelleninstallationen, die ja ebenfalls ein erhebliches Schadensbild aufwiesen? Sollte vielleicht der Dachdecker zu Unrecht für den Pfusch anderer beteiligter Handwerker haftbar gemacht werden?

Es war eine kleinteilige und mühselige Untersuchung, bei der ich jede Schadenstelle gesondert unter die Lupe nahm. Für jeden einzelnen Schadensfall erstellte ich ein exaktes Profil mit Feuchte- und Schadensgrad, ermittelte den organischen Befall und benannte mögliche Ursachen. In der Tat fand sich am Ende des breiten Spektrums an Feuchtigkeitsschäden ein ebenso breites Spektrum an Ursachen:

Der Dachdecker trug in der Tat nur an einigen Schäden die Schuld. Allerdings nicht nur an den beiden ohnehin zugegebenen Fällen, sondern auch an weiteren. So konnte ich nachweisen, dass es sich bei dem noch feuchten Fleck an der Decke (Bild 2.10) nicht um Restfeuchte des frischen Putzes handelte. Der Putz war nämlich geschädigt, was bei Restfeuchte nie der Fall ist, sondern nur dann, wenn Wasser die mineralische Bausubstanz durchdringt und dabei Salze und Mineralstoffe an der Baustoffoberfläche ausschwemmt. Stattdessen ließen sich die Flecken auf eine neu entstandene Undichtigkeit an der Dachfläche zurückführen. Die Bauarbeiter hatten nämlich nach der Testflutung die fertigen Dachflächen als Lagerplatz für ihre Baumaterialien benutzt (Bilder 2.12-a und -b). Es war sehr wahrscheinlich, dass hierdurch die Dachabdichtung erneut Schaden genommen hatte. Der Dachdecker wurde verpflichtet, auf eigene Kosten die Leckage zu reparieren. Zudem musste die geschädigte Putzfläche mit einer Größe von 1,20 m × 0,80 m abgenommen und erneuert werden. Der Dachdecker hatte die dafür pauschal angesetzten Kosten von 220,– Euro zuzüglich Mehrwertsteuer zu tragen.

Außerdem konnte ich nachweisen, dass die Undichtigkeiten an den Rohrdurchführungen (Strangentlüftungen) an zwei Stellen jeweils auf eine Dachleckage zurückzuführen waren, die der Dachdecker beide zu beheben hatte. Natürlich musste er auch für die Reparatur der beiden Schadensbereiche aufkommen. Hier war jeweils eine technische Trocknung einzuleiten, die zum damaligen Zeitpunkt mit einem Aufwand von zweimal 450,– Euro plus Mehrwertsteuer beziffert wurde.

Summa summarum und inklusive der Kosten für die Gipsbeplankung und die Malerarbeiten für den vom Dachdecker zugegebenen Schaden an der rückgebauten Beplankung (Bild 2.11) in Höhe von 950,– Euro hatte er Kosten in Höhe von 2 070,– Euro plus Mehrwertsteuer zu tragen. Hinzu kamen natürlich die Kosten für die von ihm selbst zu leistenden Reparaturarbeiten.

Bilder 2.12-a und -b: Nach der Testflutung wurden die fertigen Dachflächen als Lagerplatz für Baumaterialien benutzt. Sehr wahrscheinlich hat die gerade erst sanierte Dachabdichtung dabei Schaden genommen.

Die feuchte Wand (Bild 2.7) hingegen hatte genauso wenig wie der Deckenfleck (Bild 2.8) mit den Dacharbeiten zu tun; in beiden Fällen handelte es sich schlicht um Restbaufeuchte der zuletzt durchgeführten Putzarbeiten. Diese Bereiche mussten einfach nur in Ruhe austrocknen.

Und auch der erhebliche Durchfeuchtungs- und Putzschaden rund um die Lüftungsrohre fiel eindeutig nicht in den Verantwortungsbereich des Dachdeckers. Stattdessen hatte der Lüftungsbauer seine Arbeit nicht fachgerecht ausgeführt und die Rohre unsauber angeschlossen, wie sich bei genauer Betrachtung unzweifelhaft feststellen ließ (Bild 2.13). Er trug demzufolge auch die Reparaturkosten.

Nun war nur noch die Frage offen, ob der Dachdecker für den Schimmelpilzbefall verantwortlich gemacht werden konnte. Da der organische Befall aus dem Sommer

Bild 2.13:
Pfusch des Lüftungsbauers: Die Rohre sind nicht sauber angeschlossen.

zum Zeitpunkt meines Gutachtens schon saniert war, war es natürlich nicht ganz leicht, anhand der wenigen vorgefundenen Schimmelpilzbestände (Bild 2.11) eine Analyse der Ursachen zu erstellen. Laut Gutachten des Sachverständigen für Innenraumschadstoffe aus dem Sommer und nach Aussagen der Architekten waren ja die komplette Etage mit etwa 180 m² sowie der für drei Etagen ausgerichtete Hausflur betroffen. Keine kleine Fläche also. Die beiden Leckagen, die man als Feuchtigkeitsursache in Betracht und in die Haftung des Dachdeckers ziehen konnte, betrafen nur jeweils eine Fläche von etwa 2,5 m² und waren, was viel wichtiger ist, in beiden Fällen in abgeschlossenen Räumen aufgetreten. Betrachtet man das Volumen der von Schimmelpilz betroffenen Räume (180 m² Grundfläche × 2,50 m Raumhöhe), also 450 m³, erschienen die entfernt liegenden Leckagen als Feuchtigkeitsquellen nicht mehr plausibel. Schnell kam mir ein anderer Verdacht, der sich bestätigte, als ich die Bautagebücher kontrollierte.

Luftfeuchte und Kondensation

Luftfeuchte wird entweder als absoluter Wert in Gramm pro Kubikmeter oder als relativer Wert in Prozent angegeben.

Die *relative Luftfeuchte* (Kurzzeichen: ϕ oder RLF) errechnet sich aus dem Verhältnis der Feuchtemenge, die bei einer bestimmten Temperatur in der Luft vorhanden ist (»absolute Feuchte«), zu der Feuchte, die bei dieser Temperatur maximal aufnehmbar wäre (»maximale Feuchte«).

Die *absolute Luftfeuchte* gibt an, wie viel Gramm Wasser in einem Kubikmeter Luft enthalten sind. Bei einer Temperatur von 20 °C und einer relativen Luftfeuchte von 40 % beträgt die absolute Feuchte 5,2 g/m³, jeder Kubikmeter Luft enthält also 5,2 g Wasser in Dampfform.

Die *maximal aufnehmbare Feuchte* der Luft ist erst bei 100 % relativer Luftfeuchte erreicht. Bei 20 °C warmer Luft beispielsweise beträgt die maximale Luftfeuchte 15 g/m³, ein Kubikmeter Luft kann bei dieser Temperatur also höchstens 15 g Wasser aufnehmen. Die maximal von der Luft aufnehmbare Wassermenge ist von der Temperatur abhängig. Warme Luft kann mehr Feuchtigkeit aufnehmen als kalte Luft. Erreicht die Luft ihre Aufnahmegrenze (100 % rel. Luftfeuchte oder die »maximale Feuchte« in g/m³), den sogenannten »Taupunkt«, so entsteht Kondensat.

Der Taupunkt kann durch drei Parameter beeinflusst werden:

1. Feuchtigkeit der Luft im Raum
2. Temperatur der Luft im Raum
3. Temperatur der Bauteile.

Wenn wir an einem warmen Sommertag bei 25 °C mit einem Glas eisgekühltem Wasser auf die Terrasse gehen, können wir das Phänomen beobachten: An der Glasoberfläche perlt Wasser ab und läuft herunter, obwohl wir beim Einschenken aufgepasst haben. Was ist passiert?

Bei einer Temperatur von 25 °C kann die Luft maximal 20 g/m³ aufnehmen. Hat die Luft einen absoluten Feuchtegehalt von 13 g/m³, liegt die relative Luftfeuchte bei 65 % (13 g/m³ : 20 g/m³ × 100 %). Bis zu 7 g/m³ Feuchtigkeit kann die Luft noch zusätzlich aufnehmen. Fällt noch mehr Feuchtigkeit an, kommt es zu einem Kondensatausfall. Dasselbe passiert, wenn die Luft plötzlich abkühlt. Bleibt die absolute Wassermenge (13 g/m³) konstant, ist die Sättigungsgrenze der Luft schon bei 19 °C erreicht. Das Wasserglas mit den Eiswürfeln hat eine Temperatur von 3 °C, hier wird die Sättigungsgrenze stark überschritten, sodass es an der wesentlich kühleren Glasoberfläche zum Tauwasseranfall kommt. Der umgangssprachliche Begriff »Schwitzwasser« führt in die Irre, weil er nahe legt, dass der Stoff etwas »ausschwitzt«. Genau das passiert aber nicht!

Je nach Jahreszeit schwankt die Luftfeuchte in Gebäuden erheblich. Fällt im Winter die Außentemperatur beispielsweise auf 0 °C ab, so kann die Außenluft eine Wassermenge von maximal 3,7 g/m³ aufnehmen. Beim Lüften dringt diese Luft in die Wohnung ein. Sie wird durch Heizen auf etwa 20 °C erwärmt und könnte nun maximal 14,7 g/m³ aufnehmen. Sind jedoch nur 4,8 g/m³ vorhanden, sinkt die relative Luftfeuchte auf 28 % ab. Wir klagen über trockene Luft.

Im Sommer dreht sich das Ganze um: Steigt die Außentemperatur auf + 30 °C, kann die Luft eine Wassermenge von 25 bis 30 g/m³ enthalten, die relative Luftfeuchtigkeit liegt bei über 85 %. Halten wir die Luft im Inneren durch Verschattung oder Kühlung bei angenehmen 20 °C, wird die Luft, die beim Öffnen der Fenster oder Türen eindringt, auskühlen. Die Luftfeuchte kann dann auf 100 % ansteigen. Überschüssige Luftfeuchtigkeit wird sich als Kondenswasser an kühleren Oberflächen ablagern. (Vorsicht: Schon bei einem Anstieg der relativen Luftfeuchte auf 75 % kann es zu Schimmelpilzbildung kommen). Dies ist jedoch nur in Kellerräumen ein Problem, da die Wände in den Etagen in unseren Breitengraden im Sommer keine Taupunkttemperatur erreichen.

An der Raumdecke ist es in der Regel wärmer als im Fußbodenbereich. Durch die Temperaturdifferenz kann die Luftfeuchte variieren, somit können die Messergebnisse verfälscht werden. Relative Luftfeuchte wie auch die Temperatur werden in Innenräumen in der Regel auf einer Höhe von 1,50 m (Bauch-/Brusthöhe) gemessen. Hier liegt bei Räumen mit normaler Deckenhöhe ungefähr die Raummitte, und so wird das Mittel des vorhandenen Klimas erfasst.

Temperaturänderungen der Außenluft wirken sich lediglich auf die oberen 50 cm des Erdreichs aus. Die Temperatur in einer Tiefe von 2,0 m schwankt im Jahresverlauf zwischen +6 und +14 °C. Deswegen können gewiefte Camper im Sommer auch ihr Bier kühl halten, indem sie eine kleine Grube graben und ihre Getränke »tiefer legen«. Bodentyp und Durchfeuchtung nehmen einen erheblichen Einfluss auf die Temperatur. Je feuchter, desto kälter.

Im Sommer, also im Zeitraum des organischen Befalls, waren der Putz und der Estrich in die Räume eingebracht worden. Beides hatte man lediglich vegetativ abtrocknen lassen. Die Luftfeuchtigkeit in der Etage und im Flur musste dadurch immens gestiegen sein, da man weder eine technische Bautrocknung vorgenommen hatte, noch durch Ventilatoren für zusätzliche Luftzirkulation gesorgt hatte.

Das Kondenswasser hatte sich während der Sommermonate offenbar an den Wänden und Decken großflächig über verschiedene Gebäudeteile gelegt. Die aufgeweichten warmen Tapeten hatten sich als idealer Nährboden für organischen Befall erwiesen. Schon mit ausreichender Lüftung hätte der Schaden vermutlich vermieden werden können. In solchen Fällen rechnet sich übrigens eine vermeintlich teure technische Bautrocknung, mit der Folgeschäden wie diese mit Sicherheit ausgeschlossen werden können.

Nicht der Dachdecker, sondern die Maurer beziehungsweise der Bauherr trugen also die Verantwortung für die Schimmelpilzbildung. Selbst schuld, könnte man entgegnen: Aus Sparsamkeit war auf eine technische Bautrocknung verzichtet worden, nun mussten die (höheren) Kosten der Schimmelpilzsanierung bezahlt werden.

Zu allem Überfluss hatte das Unternehmen bei der Ausführung dieser Sanierungsarbeiten die Fehlerkette noch fortgesetzt und versäumt, vor der Desinfektion die befallenen Tapeten zu entfernen. Dies wäre aber eigentlich für eine fachgerechte Bearbeitung nötig gewesen. So jedoch konnte der Schimmelpilz überleben.

Die Kosten für die Schimmelpilzsanierung musste also die Bauleitung beziehungsweise der Bauherr selbst übernehmen; die Kosten für die nunmehr notwendige fachgerechte Überarbeitung hatte das Sanierungsunternehmen zu tragen.

Der Fall war gelöst. Die Mängel konnten behoben werden und die Studierenden ein trockenes Wohnheim beziehen.

Fazit

- Viele Handwerker machen viele Fehler.
- Ein fertiges Dach ist kein Lagerplatz.
- Auch Lüftungsrohre können Wasserschäden verursachen, wenn man sie falsch montiert.
- Ein Leck im Dach macht noch keinen Schimmelpilz.
- Baustellen müssen – genau wie Wohnungen – richtig belüftet werden.

2.3 Polyurethan auf dem Flachdach Kann ein Dämmstoff feucht werden? Und auch wieder trocken?

Baustoffkunde ist eine der wichtigsten Grundlagen für die technische Gebäudetrocknung. Zur Behebung eines massiven Wasserschadens im Deckenbereich war schließlich das genaue Wissen über die verbauten Dämm- und Dichtstoffe entscheidend. Der Schaden konnte erst behoben werden, als sämtliche Materialeigenschaften – selbst ganz abwegige – bekannt waren.

Es ging um das Dach einer städtischen Sporthalle, die – wie wohl bei allen modernen Sporthallen inzwischen üblich – mit einem Flachdach ausgestattet war. Flachdächer bringen oft Feuchtigkeitsprobleme mit sich, gerade weil sie den Anspruch haben, wasserdicht zu sein. Ziegelgedeckte Steildächer, wie sie im Einfamilienhausbau gängig sind, schützen zwar gegen Wind und Regen, sind aber nicht wasserdicht. Damit das Haus trocken bleibt, sind die Ziegeldächer geneigt, das Regenwasser läuft einfach ab. Aber erfahrene Bauherren wissen: Bei Sturm oder Orkan wird das Regenwasser vom Wind gelegentlich dachaufwärts gedrückt und dringt dann durch die schmalen Ritzen zwischen den Ziegeln ins Dach ein. Da der Dachstuhl früher aber in der Regel nicht bewohnt wurde, war das kein Problem, denn die Feuchtigkeit konnte in der folgenden Zeit einfach verdunsten, schließlich war der Dachraum dank der undichten Ziegeldächer ja stets ausreichend belüftet. Wenn heute zunehmend Dachstühle ausgebaut und als Wohnraum genutzt werden, muss deswegen zuerst die Dichtigkeit des Daches gesichert werden. In der Regel wird unter den Ziegeln eine wasserabweisende Dachhaut, die sogenannte Unterspannbahn, verlegt.

Bei Flachdächern muss von vornherein für eine ausreichende Dichtigkeit gesorgt werden, weil das Regenwasser nicht ablaufen kann, sondern sich oft auf der Dachfläche aufstaut. Zwar wird auch für Flachdächer eine gewisse Mindestneigung gesucht, damit sich kein Wasser ansammeln und gefrieren oder als Nährboden für Moos und Algen dienen kann. In der Realität lassen aber Laub und Schmutzstoffe das Dach mit der Zeit verunreinigen und verhindern einen reibungslosen Ablauf des Wassers. Auch durch unbefugtes Betreten eines Flachdachs können (meist unsichtbare) Schäden entstehen, die die Dichtigkeit beeinträchtigen. Diese Dachart gilt als besonders sensibel. Deswegen muss man stets ein besonderes Augenmerk auf die Abdichtung legen, damit keine Feuchtigkeit in die Konstruktion gelangen kann.

Die Dachdeckung ist immer eine Gratwanderung zwischen einer möglichst hohen Funktionalität (Lärm-, Wärme- beziehungsweise Feuchtigkeitsschutz) und einem möglichst geringen Eigengewicht. Oft genug sind das völlig gegensätzliche Ziele. Manche Materialien bieten einen erstklassigen Wärmeschutz (Federn), aber nur geringen Lärm- oder Feuchteschutz. Und umgekehrt. Es geht also beim Flachdach gewissermaßen um die Quadratur des Kreises oder um eine Lösung für den Appell: Wasch mich, aber mach mich nicht nass!

Bei der Sporthalle aus diesem Praxisbeispiel hatte man – von unten nach oben – folgende Lösung gefunden, die nicht gerade moderne Ansprüche an den Flachdachbau befriedigt, sondern eher historisch gewachsen war:

Zuunterst befand sich ein simples Trapez-Blech, wie man es in Zeiten der Not nach dem Krieg als günstigste Dachdeckung verwendet hat. Darauf hatte man irgendwann extrudergeschäumte Polystyrol-Hartschaumplatten gelegt und mit einer Bitumenbahn abgedichtet. Als auch diese Dämmung nicht mehr ausreichte, brachte man mit einer Schaumlanze obenauf Polyurethan-Ortschaum aus, der wiederum mit einer Bitumenbahn abgeklebt worden war. Als dann in jüngster Zeit erneut Dichtigkeitsprobleme auftraten, beauftragte der Hausherr der Sporthalle, also die Stadt, einen Handwerker, der sich als sachverständig ausgab, mit einem Gutachten: War es notwendig, den Dachaufbau zurückzubauen, weil die Dämmstoffe auf dem Dach möglicherweise durchfeuchtet waren, oder konnte der vorhandene Dachaufbau durch eine weitere obenauf gelegte Dämmschicht wieder abgedichtet werden? Der Sachverständige nahm ungefähre Messungen vor und gab dann grünes Licht: »Der Polyurethan-Ortschaum kann auf dem Dach bleiben, alles ist trocken!«

Polyurethan

Polyurethan ist ein vielseitig verwendbarer Stoff, der seit dem Aufkommen der Polymerchemie in den dreißiger Jahren und der Entdeckung der industriellen Nutzmöglichkeiten in den fünfziger Jahren des vergangenen Jahrhunderts in allen möglichen Bereichen eingesetzt wird. Ob Turnschuhe, Autositze, Armaturenbretter, Matratzen, Dichtungen, Schläuche oder Kondome – wir leben in einer Welt voller Polyurethan.

Aus Polyurethan können verschiedenste Schaumstoffe hergestellt werden, weiche und harte, ja sogar flüssige, die erst an der Luft aushärten. Im Bauwesen kennen die meisten Polyurethan als 1- oder 2-Komponenten-Schaum (Montageschaum), der zum Beispiel beim Einbau von Fenstern und Türen Verwendung findet. In den Niederlanden wird er sogar als Bodenbelag in Wohnhäusern benutzt.

Polyurethan-Hartschaum wird heutzutage aber auch gern als Isolier- und Dämmschicht in Sandwich-Elementen eingesetzt. Die Elemente bestehen aus einem inneren und einem äußeren Blech (Aluminium oder beschichtetes Stahlblech), wobei der Zwischenraum durch den aufquellenden Schaum ausgefüllt wird. Diese vorgefertigten Elemente werden überwiegend im Industriebau bei Systemhallen eingesetzt, da sie schnell montiert werden können. So entstehen in kurzer Zeit Wand- und Dachkonstruktionen, die gedämmt und innen wie außen sofort fertig sind.

Permanente Forschung erschließt immer neue Einsatzfelder für Polyurethane. Selbst das Verbot von FCKW-haltigen Treibmitteln, die vorrangig für PUR-Schaum genutzt wurden, hat den Siegeszug nicht stoppen können. Nach Angaben des Fachverbandes Schaumkunststoffe und Polyurethane FSK e.V. hat die Polyurethanindustrie im Jahr 2007 deutlich die 5-Milliarden-Euro-Umsatzmarke überschritten. Die verarbeitete Menge an Polyurethan soll im Jahr 2007 bei mehr als 900000 Tonnen in Deutschland und bei rund 3,3 Millionen Tonnen in Westeuropa gelegen haben. Die jährliche Zuwachsrate beträgt durchschnittlich etwa 5 Prozent.

Man beauftragte also einen Dachdecker, der über die oberste Polyurethanschicht nun eine dritte Dämmung aus expandiertem Polystyrol (EPS) legte (oft wird der Handelsname der Firma BASF »Styropor« verwendet). Die oberste Schicht, zugleich der wasserdichte Abschluss des Dachaufbaus, wurde von zwei Lagen Bitumen-Bahnen gebildet, deren Nähte mittels Hitze wasserdicht verschweißt waren.

Als kurz darauf auf der Unterseite des Dachs, also an der Hallendecke, Schimmelpilz zutage trat, stand sogleich der Dachdeckerbetrieb im Verdacht, einen erheblichen Wasserschaden verursacht zu haben.

Wieder wurde der erste Sachverständige um ein Gutachten gebeten, der dieses Mal die Dachschichten an verschiedenen Stellen anbohrte und feststellte, dass auf der Polyurethanschicht stellenweise Wasser stand. Daraufhin wurde eben dieser Sachverständige beauftragt, kurzfristig eine technische Trocknung einzuleiten, deren Kosten man dem Dachdecker aufschultern wollte. Da sein Arbeitslohn obendrein gekürzt werden sollte und er sich zu Unrecht beschuldigt sah, wurde ich hinzugezogen.

Ich fand das Dach mitten im Prozess der technischen Gebäudetrocknung vor. Das ausführende Unternehmen hatte insgesamt 17 Löcher in die Dachfläche gebohrt, fünf in der Mitte und jeweils sechs an den Seitenrändern des Dachs, um darüber Luft unter die dichte Bitumenschicht zu führen beziehungsweise daraus abzusaugen und so die Trocknung durchzuführen (Bild 2.14).

Schon auf den ersten Blick erkannte ich, dass die Anzahl der Löcher für ein derart großflächiges Dach in keinem Fall ausreichte. Immerhin ging es um eine Fläche von etwa 30 m × 50 m, also insgesamt etwa 1500 m²! Außerdem entdeckte ich, dass die Eindreher am Ende der Prozessluftschläuche (Bild 2.15) nicht fachkundig eingeschweißt, sondern bloß verschraubt waren. Bei Wärme konnten sie undicht werden und der trockene Luftzug würde die unteren Schichten des Dachs gar nicht erreichen. Hier hatte jemand »mal eben schnell« ein paar Trocknungsgeräte aufgebaut, ohne sich wirklich Gedanken zu machen, ob und in welcher Weise eine Trocknung überhaupt möglich war.

Bild 2.14: Um Luft unter die Bitumenschicht zu bringen, wurden nur 17 Löcher in die Dachfläche gebohrt – viel zu wenig!

Bild 2.15: Die Eindreher am Ende der Prozessluftschläuche sind nicht fachkundig eingeschweißt, sondern bloß verschraubt.

Ich musste der Sache auf den Grund gehen, im wahrsten Sinne des Wortes! Um den Zustand des Dachs wirklich in Augenschein nehmen zu können, schnitt ich an drei Stellen etwa 20 cm tiefe Löcher mit einem Ausmaß von jeweils 10 cm × 10 cm in den Dachaufbau (Bild 2.16). Das Polystyrol war überall trocken. Das Wasser fand sich in der Polyurethanschicht, aber nicht gleichmäßig, sondern mal mehr, mal weniger (Bild 2.17). Das Dach war also unterschiedlich stark durchfeuchtet, aber immer nur die Polyurethanschicht, also genau die Schicht, die nach Aussagen des ersten Sachverständigen noch vor wenigen Wochen absolut trocken gewesen war.

Das war insofern verwunderlich, als dass das beim Bau verwendete Polyurethan ein geschlossenzelliger Schaumstoff ist, der eigentlich wasserabweisend wirkt. Nur unter Druck, oder wenn er über einen langen Zeitraum der Feuchtigkeit ausgesetzt ist, nimmt der Schaum Wasser auf, und zwar osmotisch, also durch die Membran

Bild 2.16:
Für die Inaugenscheinnahme des Dachs werden etwa 20 cm tiefe Löcher in den Aufbau gebohrt.

Bild 2.17:
In der Polyurethanschicht findet sich Wasser in unterschiedlichen Mengen.

von Zelle zu Zelle. So kann nach entsprechender Behandlung das Material sogar eine Durchfeuchtung von 1 : 1 aufweisen. Doch das dauert in der Regel mehrere Jahre. Das Dach müsste also schon seit Jahren massiv undicht gewesen sein.

Oder aber das Polyurethan war über die Jahre so alt und brüchig geworden, dass das Wasser eben doch leicht in das geschädigte Material eindringen konnte. Tatsächlich stieß ich an einer Stelle auf stark geschädigtes Polyurethan, aus dem sich das Wasser fast wie aus einem Schwamm auspressen ließ. An anderen Stellen dagegen konnte durch Druck kaum Wasser entweichen. Hier war das Material offenbar noch intakt.

Der Hersteller berichtete mir von seinen Erfahrungen, denen zufolge Polyurethan oberflächig durch UV-Licht geschädigt werden kann, während die Dämmung im Kern jedoch weiterhin eine intakte Zellstruktur aufweist.

Dass nicht alles kaputt sein musste und vielleicht noch ein intakter Kern existierte, war nur scheinbar tröstlich. Eine technische Trocknung von Polyurethan ist nämlich – aus denselben Gründen, aus denen es kein Wasser aufnehmen kann – nicht möglich: Die geschlossenzellige Struktur des Baustoffs erlaubt nicht, Wasser oder Luft durch die Zellen hindurch zu führen. Wenn es in Einzelfällen (zum Beispiel im Vakuum-, Druck- oder Saugverfahren) möglich ist, einen Luftstrom durch den Baustoff zu leiten, liegt es nur daran, dass die UV-Strahlung das Polyurethan vorher verändert hat; der Baustoff ist offenzellig geworden und hat somit auch nicht mehr seine ursprünglichen Dämmeigenschaften. Bei einer technischen Trocknung wird zudem der Baustoff durch den Druck des Luftstroms noch weiter geschädigt, also die Zellstruktur noch weiter zerstört.

Kurz: Wasser findet sich nur dort, wo das Polyurethan nicht mehr intakt ist; ebenso kann man auch nur dort trocknen, wo der Stoff defekt ist. Was ja immerhin schlüssig ist. Allerdings scheint es ist nicht besonders sinnvoll, einen Dämmstoff zu trocknen, der erstens sowieso nicht mehr dämmt und sich zweitens in kürzester Zeit wieder mit Wasser vollsaugen wird.

Eine Abtrocknung des intakten Baustoffs Polyurethan ist – ebenso wie die Wässerung – nur durch die Zellmembran von Zelle zu Zelle möglich und dauert mehrere Jahre.

Ich erklärte dem Bauherrn also, dass der erste Sachverständige offenbar wenig Sachverstand gehabt hatte und weder die Messtechnik noch die technische Trocknung beherrschte. Beides hatte er fehlerhaft ausgeführt. Ich empfahl, die ohnehin fehlerhaft begonnenen Trocknungsarbeiten vollständig abzubrechen. In jedem Fall würde man selbst nach noch so aufwändiger Trocknungsarbeit mit einer Restfeuchte leben müssen, die die Dämmeigenschaften verringern würde. Und um Schimmelpilzbildung während der warmen Sommermonate zu verhindern, müsste obendrein für eine ausreichende Belüftung und damit für weitere vegetative Austrocknung gesorgt werden. – Auf einem Flachdach ein schier unmögliches Unterfangen.

Zwar konnte ich zu allem Übel nicht mit Gewissheit den Grad der Durchfeuchtung feststellen, denn bei Polyurethanschaum sind Feuchtemessungen mittels Widerstandsmessungen (siehe Infokasten: »Manipulationen und Irritationen bei Feuchtemessungen«) oft gar nicht möglich oder zumindest vielfach fehlerhaft. Genau das hatte man ja bei dem ersten Sachverständigen erleben können. Und die Feuchtemessung mit einem Mikrowellengerät funktioniert bei Polyurethan erst ab einer Durchfeuchtung von 0,5 Masse-Prozent und würde also auch nur sehr unpräzise Aussagen zulassen.

Feuchtigkeitsmessung

Die genaueste Methode, um den Wassergehalt eines Stoffs zu messen, ist die vollständige Herauslösung des Wassers. Dabei wird dem Baustoff eine Probe entnommen und auf irgendeine Weise getrocknet **(Darr-Messung)**. Vor und nach dem Trocknen wird die Probe gewogen. Der Masseverlust entspricht dem Wassergehalt. Allerdings ist ein solches Messverfahren nur im Labor möglich, und durch die Probenentnahme wird der Baustoff beschädigt.

Auch bei der **CM-Messung** (Calciumcarbid-Methode), die bei mineralischen Stoffen zum Einsatz kommt, wird eine Probe von 20, 50 oder 100 Gramm entnommen. Die Probe wird zunächst exakt gewogen, dann pulverisiert und in einer Stahlflasche mit Manometer unter Hinzugabe von vier Stahlkugeln mit einer Ampulle Calciumcarbid vermischt und kräftig durchgeschüttelt. Nach etwa 15 Minuten entsteht infolge der chemischen Reaktion ein Druck in der Stahlflasche, der ins Verhältnis zum Gewicht der entnommen Probe gesetzt wird. Auf diese Weise wird der Wassergehalt bestimmt. Die CM-Messung ist das einzige offiziell anerkannte und vor Gericht zugelassene Vor-Ort-Messverfahren zur Überprüfung der Restfeuchte von Estrich. Abhängig von Art und Belag kann nach der Messung entschieden werden, ob der Estrich mit Fliesen, Parkett, elastischen oder textilen Belägen versehen werden kann.

In der Gebäudetrocknung kommen überwiegend Baufeuchte-Messgeräte zum Einsatz, die Feuchtigkeit in Baustoffen aller Art und auch in der Luft vollkommen zerstörungsfrei messen, zum Beispiel:

Widerstandsmessung: Mittels spezieller Messgeräte können viele Baustoffe auf ihre elektrische Leitfähigkeit beziehungsweise ihren Widerstand getestet werden. Da jeder Baustoff im Normalzustand eine spezifische Leitfähigkeit hat, sind die Geräte auf diese Baustoffe kalibriert. Bei einem Wasserschaden kann man durch elektrische Widerstandsmessung an den betroffenen Baustoffen die Abweichung von dieser Kalibrierung ermitteln und daraus den Wassergehalt ableiten. Ein Nachteil dieser Methode ist allerdings, dass schon ein geringer Salzgehalt die Messung verfälschen kann. Und vor allem bei Altbauten kommt es oft zu Salzablagerungen in den Gemäuern. Doch Vorsicht: Bei Wasserschäden werden in mineralischen Bausubstanzen durch eine starke Durchfeuchtung fast immer Stoffe ausgeschwemmt (Salz, Mineralien), die die Messwerte beeinflussen.

Bei der kapazitiven Messung wird die Dielektrizitätskonstante der Baustoffe durch die Ausbildung eines elektrischen Feldes über einen Kondensator im Messgerät ermittelt. Auch diese Technik gehört zu den Widerstandsmessungen. Die Dielektrizitätskonstante wird, wie auch die oben beschriebene elektrische Feuchtemessung, durch Metalle und andere elektrisch leitfähige

Substanzen beeinflusst. Der verwendete Messkopf wird in der Praxis »Kugelkopf« genannt, da er bei vielen Messgeräten mit einer solchen Form ausgebildet ist. Es gibt diese Messköpfe jedoch auch in anderen Ausführungen.

Mikrowellenmessung: Mikrowellen kennt jedermann aus der Küche. Ihr Prinzip beruht darauf, Moleküle in Schwingung zu versetzen – insbesondere die Moleküle des Wassers. Deswegen wird im Mikrowellenherd auch das Geschirr nicht heiß. (Doch Achtung! Manchmal erwärmt sich Geschirr dennoch stark; was jedoch daran liegt, dass ein beträchtlicher Teil der Wärme von den Speisen auf das Geschirr übertragen wird.)

Je mehr Wasser eine Substanz enthält, desto schneller lassen sich ihre Moleküle durch die Mikrowellen, also energiereiche elektromagnetische Wellen, in Bewegung versetzen. Genau diesen Effekt nutzt man in abgewandelter Form auch bei der Mikrowellenmessung zur Analyse des Feuchtigkeitsgehalts von Baustoffen: An das zu untersuchende Bauteil wird ein elektromagnetisches Wechselfeld angelegt, welches insbesondere die enthaltenen Wassermoleküle zum Schwingen bringt. Da Mikrowellen vom Wasser sehr viel besser absorbiert werden als von Feststoffen, ergibt sich eine Änderung des Mikrowellensignals. Hieraus ermittelt das Messgerät den Wassergehalt des untersuchten Bauteils.

Der Feuchtegehalt wird in den Einheiten »Masse-%« oder »CM-Prozent« (bei Calciumcarbid-Messungen) angegeben. Elektronische Messgeräte liefern ihre Messergebnisse jedoch einheitslos bzw. in sogenannten »Digits«. Viele Messgerätehersteller fügen ihren Messgeräten deshalb Umrechnungshilfen bei, die es ermöglichen sollen, aus den digitalen Anzeigewerten den entsprechenden Feuchtegehalt in Masse- oder CM-Prozent des untersuchten Materials zu ermitteln.

Materialfeuchte-Messgeräte wurden ursprünglich für das Messen von Holzfeuchte entwickelt. In Holzfeuchte-Messgeräten sind bestimmte Kenndaten für die im Bau üblichen Holzarten (Eiche, Buche, Fichte, Lärche, Ahorn und Kiefer) hinterlegt, sodass die Messungen exakt durchgeführt werden können. Allerdings sind auch hier verfälschende Störgrößen, zum Beispiel durch Holzschutzmittel, zu berücksichtigen. Die meisten Werte beziehen sich zudem auf eine Temperatur des Holzes von +20 °C. Andere Temperaturen bedeuten also andere Werte!

Vorsicht auch bei mineralischen Baustoffen! Oft stellen sie ein Gemenge unterschiedlicher Materialien dar, enthalten Beimischungen und weisen verschiedene Rohdichten auf. Dadurch liefern die an ihnen durchgeführten Feuchtemessungen oft keine genauen Messergebnisse!

Grundsätzlich sollte man bei der Beurteilung von Feuchteschäden keine Allmachtsgläubigkeit gegenüber Messgeräten aufkommen lassen. Zahlreiche Störgrößen, beispielsweise durch Bedientechniken oder die Zusammensetzung der Baustoffe, können das Messergebnis beeinflussen. Messwerte müssen deswegen immer auf die Bedingungen des jeweiligen Feuchteschadens hin kritisch hinterfragt werden. Das setzt umfassende Kenntnisse über mögliche Störgrößen und eine hohe Erfahrung voraus.

Da zu guter Letzt durch die schweren Dachaufbauten und das zusätzliche Gewicht der durchnässten Polyurethanschicht inzwischen sogar die Statik des Sporthallendachs gefährdet war, blieb dem Bauherrn nichts anderes übrig, als das Dach komplett zurückzubauen, um die defekte Polyurethanschicht freizulegen. Ob er die Kosten dafür allein tragen oder der dilettantische Sachverständige einen Teil übernehmen musste, wurde anschließend gerichtlich geklärt. Den Dachdecker jedenfalls traf keine Schuld.

Fazit

- Ein Steildach ist nicht wasserdicht, muss es aber auch nicht sein. Ein Flachdach muss wasserdicht sein, ist es aber manchmal nicht.
- Manche Baustoffe kann man zwar trocknen, aber wenn sie nass sind, ist es eigentlich schon zu spät.
- Nicht jeder Fachbetrieb verfügt wirklich über ausreichend Fachkompetenz.
- Manchmal ist der Rückbau die einzige vernünftige Maßnahme und manchmal auch die einzig mögliche – auch wenn die Kosten erschreckend sind. Alles andere wird noch teurer.

2.4 Das 35 Jahre alte Flachdach ist leck

Ist eine Trocknung überhaupt möglich – und lohnt sie sich noch?

Trocknung und Trocknung sind zweierlei. So geschah es, dass ein Dach, nachdem der Dachdecker die Abdichtung abgeschlossen hatte, noch stärker durchfeuchtet war als vorher. Die Haftpflichtversicherung musste zahlen, und der Bauherr saß auf dem Trockenen – gedanklich jedenfalls.

Bei diesem Fall dreht es sich um das Flachdach eines in massiver Bauweise Anfang der siebziger Jahre errichteten Einfamilienhauses. Der Eigentümer hatte einer Spezialfirma für Dachbeschichtungen den Auftrag erteilt, das Flachdach abzudichten. Doch als der Handwerker fertig war, kam es zu einem erneuten Feuchtigkeitsschaden in der Dachkonstruktion, worauf der Eigentümer den Handwerker in die Haftung nahm. Der Haftpflichtversicherer berief mich als Gutachter.

So stand ich also an einem schönen Maimorgen zur Ortsbegehung auf dem Dach des 35 Jahre alten Hauses und staunte. Denn mittlerweile hatte der Eigentümer einen zweiten Handwerksbetrieb für Flachdächer eingeschaltet, der sich ebenfalls durch zweifelhafte Vorschläge hervorgetan hatte. Aber der Reihe nach:

Das Dach umfasste insgesamt knapp 270 m², wovon ein Teil aber im Versatz und in Stufen niedriger lag. Von Feuchtigkeit betroffen war nur die große Hauptfläche mit etwa 235 m². Der erste Dachdecker hatte die neu aufgebrachte Beschichtung bis an den Rand des Flachdachs, die sogenannte Attika geführt und versucht, die darunterliegende Fläche vegetativ – also durch schlichte Verdunstung – zu trocknen, indem er insgesamt sechs Dachentlüfter eingebaut hatte.

Bild 2.18: In den Dachentlüftern steht das Wasser mehrere Zentimeter hoch.

In diesen Dachentlüftern stand das Wasser mehrere Zentimeter hoch (Bild 2.18). Wir öffneten den Dachaufbau an zwei Stellen, und der erste Eindruck bestätigte sich: Das Wasser stand in der Wärmedämmung je nach Gefälle der Unterkonstruktion bis zu 4 cm hoch. Das war wirklich eine Menge Wasser!

Der zweite Dachdecker hatte dem Eigentümer vorgeschlagen, über die alte Bedeckung einen diffusionsoffenen Aufbau zur vegetativen Abtrocknung der Konstruktion aufzubauen. Aber angesichts des Durchfeuchtungsgrades, der sich uns nach Öffnung des Dachs bot, zog er diesen Vorschlag zurück.

Diffusion

Je dichter und kälter ein Baustoff, desto mehr Wasserdampf aus der Raumluft schlägt sich daran als Kondenswasser nieder. Dauerfeuchte kann zu Bauschäden führen. Materialien, die Feuchte zunächst aufnehmen und nach und nach wieder abgeben, regulieren das Raumklima – man sagt: Sie sind offen für die Diffusion des Dampfs.

Das Grundprinzip kennt jeder aus dem Schlaf. In der Nacht schwitzt ein Mensch 2 bis 3 Liter Feuchtigkeit aus. Dass wir morgens trotzdem nicht in einer Pfütze aufwachen, liegt daran, dass unsere Bettdecken diffusionsoffen sind: Sie nehmen die Feuchtigkeit auf und geben sie an die Raumlauf weiter. Luft und Wärme hingegen halten sie dicht.

Auch tagsüber geben Menschen permanent Feuchtigkeit ab: sie kochen, duschen, schwitzen: Pro Tag gibt ein Vier-Personen-Haushalt zehn bis zwölf Liter Wasserdampf in die Raumluft. Seine gasförmigen Moleküle verteilen sich gleichmäßig im Raum, erzeugen einen bestimmten Dampfdruck und eine bestimmte relative Luftfeuchtigkeit. Liegt die Luftfeuchtigkeit im Rauminnern auf einem höheren Wert als die Luftfeuchtigkeit draußen, besteht ein Ungleichgewicht. Es gibt ein Dampfdruck-Gefälle. Der höhere Dampfdruck im Innenraum versucht den niedrigeren Dampfdruck im Freien auszugleichen – er diffundiert. Es entsteht eine Ausgleichsströmung, die Diffusion. Der Diffusion im Wege stehen Wand, Dach, Türen und Fenster, also unterschiedlichste Baustoffe, die dem Dampfdruck verschiedene Widerstände entgegensetzen. Eine Glasscheibe etwa lässt keinerlei Feuchtigkeit durch, weswegen sich der Dampf dort oft als Kondensat niederschlägt. Textilien hingegen nehmen die Feuchtigkeit schnell auf und geben sie fast genauso schnell wieder ab.

Jedes Material weist also einen anderen Dampfdiffusionswiderstand auf, einen werkstoffspezifischen, dimensionslosen Kennwert, genannt »μ«. Multipliziert man diesen Widerstandsfaktor μ mit der Schichtdicke s des betreffenden Materials in Metern, so erhält man den s_d-Wert des Materials, die sogenannte diffusionsäquivalente Luftschichtdicke [$s_d = \mu \times s$]. Dieser s_d-Wert sagt aus, welche Dicke eine Luftschicht haben müsste, um der Diffusion denselben Widerstand entgegenzusetzen wie die betrachtete Materialschicht. Je kleiner der s_d-Wert, desto leichter dringt Wasserdampf durch den Baustoff. Man unterscheidet zwischen:

- diffusionsoffenen Schichten ($s_d \leq 0{,}5$ m)
- diffusionshemmenden Schichten (0,5 m $< s_d <$ 1500 m) und
- diffusionsdichten Schichten ($s_d \geq 1500$ m)

So besitzt beispielsweise eine 0,24 m dicke, unverputzte Ziegelwand, deren Widerstandszahl $\mu = 10$ beträgt, einen s_d-Wert von 2,40 m und gilt somit als diffusionshemmend. Ebenso eine 0,15 mm dicke Polyethylenfolie mit $\mu = 100\,000$, die einen s_d-Wert von 15 m aufweist. Mit aluminiumkaschierten Abdeckungen ($\mu = 1\,000\,000$) oder Vakuumisolationspaneel-Dämmungen ($\mu = 5\,000\,000$) kommt man in den Bereich der Diffusionsdichtigkeit.

Wasserdampfdurchlässige Wände, Decken und Dächer werden beim gesunden Wohnen bevorzugt: Ist es feucht im Raum, speichern sie Wassermoleküle in der Oberfläche und geben sie wieder an die Raumluft ab, wenn diese zu trocken ist. Diffusionsoffene Baustoffe arbeiten sehr langsam und brauchen Stunden oder gar Tage, um Feuchtigkeit aufzunehmen beziehungsweise wieder abzugeben.

Auch wenn der Volksmund derlei gern behauptet, so gilt doch: Wände »atmen« nicht. Nur ein minimaler Anteil der Raumfeuchtigkeit quert das Bauteil tatsächlich. Hohe Luftfeuchtigkeit, beispielsweise Kochdunst und Badedampf, wird man per Diffusion nicht los. Um unnötigen Wärmeverlust zu vermeiden, lassen diffusionsoffene Wände nämlich keine Luftströmungen zu wie etwa ein geöffnetes Fenster. Im Gegenteil: Man achtet heute auf eine luftdichte Gebäudehülle. Das Gebäudeenergiegesetz (GEG/vor 01.11.2020 Energieeinsparverordnung EnEV) schreibt sie für Neubauten sogar vor. Diffusionsoffene Wände oder Decken ersparen also nicht das richtige Lüften – es bleibt weiterhin das A und O des gesunden Raumklimas!

In diesem Fall lohnte es sich nicht, eine Feuchtemessung, egal welcher Art, durchzuführen. Es war selbst für einen Laien völlig offensichtlich, dass dieser Feuchtegrad viel zu hoch war. Eine vegetative Trocknung war weder mit Hilfe von Dachentlüftern noch durch einen diffusionsoffenen Aufbau möglich. In jedem Falle würde eine vegetative Trocknung Jahre brauchen, immer vorausgesetzt, dass kein weiteres Wasser hinzukäme.

Man kann kurz überschlagen, wie lange eine vegetative Trocknung auf diesem Dach gedauert hätte: Als Trocknungszeitraum bei einem aktuellen DIN-Aufbau eines Flachdachs gilt folgende Regel: Bei rund 29 Litern auf einer Fläche von 100 m² beträgt die vegetative Austrocknungszeit durch Diffusion etwa 450 Tage. Im vorliegenden Fall haben wir etwa 570 Liter Wasser auf einer Fläche von 100 m², was einer Austrocknungszeit von etwa 9000 Tagen, also 25 Jahren entspricht. Dies jedoch nur unter idealen Laborbedingungen und nicht bei inkonstanten Temperaturverhältnissen irgendwo in Deutschland.

Und all die Jahre bestünde immer die Gefahr, dass durch den hohen Feuchtegrad der Baustoffe bei sommerlich hohen Temperaturen durch Dampfdruck weitere Schäden an der Dachhaut hervorgerufen würden. Außerdem müsste man für lange Zeit, bis das Dach vollständig getrocknet wäre, mit einer höheren Wärmeleitfähigkeit der Dämmung rechnen, sprich: Die Dämmung erfüllt ihre Funktion nicht mehr richtig und der Heizenergieverbrauch in den Innenräumen steigt.

Nein, das war keine Lösung, die irgendjemand ernsthaft in Erwägung zog.

Es gab nur zwei Alternativen: eine technische Trocknung oder den Rückbau des Dachs. Ein Rückbau ist fast immer die aufwändigste und teuerste Form der Gebäudetrocknung. Sicher, abreißen und neu bauen kostet Zeit und Material. Andererseits stellte sich die Frage, ob eine technische Trocknung in diesem Fall überhaupt noch möglich war und was sie kosten würde. Womöglich käme man bei einem Rückbau einfacher und günstiger zum Ziel.

Dank meiner langjährigen Erfahrung wusste ich jedoch, dass eine technische Trocknung auch in einem solch massiven Fall von Durchfeuchtung möglich war. Dafür müsste man zunächst sicherstellen, dass während der Trocknungsarbeiten kein weiteres Wasser in die Dämmung dringen kann. Hierfür bräuchte es eine provisorische Abdichtung der Dachfläche. Allerdings müsste vorher die neue, vom ersten Dachdecker aufgebrachte Beschichtung wieder abgetragen werden.

Ein Dachdecker würde dann Spanholzplatten in die Dachkonstruktion einschweißen, um durch darin geschaffene spezielle Öffnungen später die Trocknungsschläuche luftdicht einzuführen. Solche Platten werden in der Regel von Trocknungsfirmen gestellt. Die Trocknungsanlagen müssten im Saug-/Druckverfahren (siehe Infokasten: »Saug-/Druckverfahren«) aufgestellt und die Prozessluftöffnungen so gesetzt werden, dass eine optimale Luftzirkulation sichergestellt und eine wirtschaftlich angemessene Trocknungszeit erreicht wird. Ich berechnete, dass man mit einem entsprechenden Geräteeinsatz binnen drei Wochen die 235 m² große Dachfläche trocknen könnte. Dafür bräuchte man drei Verdichter, die die Luft in die Dachzwischenräume drücken, und sechs Verdichter, die sie wieder heraussaugen würden. Dazu kämen zwei Adsorptionstrockner. Zum Absaugen des freien Wassers wären außerdem noch drei Wasserabscheider erforderlich.

Meine Kalkulation sah darum so aus:

Kalkulation	
3 Wasserabscheider 9,– Euro/Tag × 5 Tage	135,00 Euro
6 Verdichter 13,– Euro/Tag × 21 Tage	1.638,00 Euro
3 Verdichter 11,– Euro/Tag × 21 Tage	693,00 Euro
2 Adsorptionstrockner 14,– Euro/Tag × 21 Tage	588,00 Euro
18 Arbeitsstunden 40,– Euro/Stunde	720,00 Euro
Fahrtkosten pauschal für 8 Fahrten à 18,– Euro	144,00 Euro
Summe (inklusive Mehrwertsteuer)	**3 918,00 Euro**

Demgegenüber standen wesentlich höhere Kosten für einen Rück- und Neubau: Allein die Entsorgung wäre mit etwa 300,– Euro pro Tonne Material plus etwa 50 Arbeitsstunden zu Buche geschlagen. Bitumen wird heute zudem als Sondermüll eingestuft, was Extrakosten bedeutet hätte. Der Kostenvoranschlag eines Handwerksbetriebs belief sich auf knapp 25 000,– Euro.

Für welche Lösung sich der Eigentümer schließlich entschieden hat, ob die Dachdecker ihre Arbeit bezahlt bekommen haben und welche Kosten die Haftpflichtversicherung übernommen hat – das alles habe ich leider wie so oft als Gutachter nicht erfahren. Denn in der Regel endet meine Tätigkeit ja mit der abgeschlossenen Analyse, deren Ergebnisse den Auftraggebern als Entscheidungsgrundlage dienen.

Fazit

- Bevor man etwas (egal wie) trocknet, sollte klar sein, wie feucht es ist.
- Theoretisch gibt es immer drei Optionen: vegetative Trocknung, technische Trocknung, Rückbau.
- Für die vegetative Trocknung braucht man Zeit und Luft, für die technische Trocknung benötigt man viel Verstand und für den Rückbau vor allem Geld.

3 Schäden an Wänden oder Zwischendecken

Dreizehn Fälle aus der Praxis

3.1 Wie viel und welche Trocknung brauchen Feuchträume? Waren die Handwerkerleistungen angemessen?

Ist der von Handwerkern kalkulierte oder bereits in Rechnung gestellte Aufwand für eine Trocknung wirklich notwendig? Oder wird eventuell mit Kanonen auf Spatzen geschossen und die Rechnung künstlich nach oben getrieben? Vor dieser Frage stehen Mitarbeiter von Versicherungen immer wieder. Die Unsicherheit ist groß; man müsste vom Fach sein, um Handwerkerleistungen sicher beurteilen zu können. Doch jeder Handwerker hat eigene Interessen, will zum Beispiel Mitarbeiter und Maschinen auslasten oder in Urlaubszeiten keine aufwändigen Arbeiten übernehmen, die teure Überstunden notwendig machen würden. Gleichzeitig arbeitet die Versicherungswirtschaft mit Unternehmen zusammen, die sich digitalisiert das Einkaufscontrolling als Geschäftsschwerpunkt zu eigen gemacht haben. Hier werden Unterlagen, Rechnungen, Angebote, etc. der Sanierungs- und Trocknungsunternehmen geprüft. Dies geschieht oft digital, aber auch mit Mitarbeitern, die handwerkliche Vorkenntnisse in der entsprechenden Branche haben.

Nicht von ungefähr geistern wilde Geschichten von Bauschadensfällen durch die Versicherungswelt, in denen Trocknungsbetriebe mit völlig falschen Messergebnissen und ebenso falschen Trocknungsverfahren die Abrechnungen zu ihren Gunsten manipuliert haben. Deswegen werde ich als Gutachter oft hinzugezogen, um die Arbeit von Handwerksbetrieben zu überprüfen. Und leider treffe ich tatsächlich immer wieder auf unkundige oder betrugswillige Trocknungsbetriebe; von einigen ist in diesem Buch ja auch die Rede.

In diesem Praxisfall wurde ich mit der Überprüfung der Bautrocknungsmaßnahmen in einem Freizeitbad beauftragt. Den Auftraggebern waren Zweifel gekommen, ob der beauftragte Trocknungsbetrieb wirtschaftlich arbeitete, da er mit sehr vielen Trocknungsgeräten angerückt war und trotzdem sehr lange Trockenzeit beanspruchte. Obendrein traten an den mit Lehmputz versehenen Wandoberflächen Risse auf, die den Bauherrn ob der fachgerechten Trocknungsarbeiten verunsicherten.

Lehmputz

Die Verwendung von Lehmputz ist eine der ältesten Bautechniken der Welt. Lehm erfreut sich in den letzten Jahrzehnten als energiesparender, ressourcen- und umweltschonender Baustoff einer wachsenden Beliebtheit. Da er in dicken Schichten aufgetragen wird, verfügt er über eine gute Schalldämmung und wärmespeichernde Eigenschaften. Vor allem aber wird er für seine positiven Auswirkungen auf das Raumklima geschätzt. Lehmputze sind offenporig und sorbieren einen hohen Anteil an Luftfeuchtigkeit aus dem Raum. Dies liegt im Wesentlichen an der großen Porenoberfläche im Inneren des Putzes (viele hochaktive Tonmaterialien). Durch die Aufnahme und Abgabe von Wasserdampf reguliert er die Luftfeuchtigkeit auf natürliche Weise. Gerade im Fachwerkbau wird Lehm deswegen gern verwendet: Seine Absorptionskraft schützt Holz einerseits vor zu viel Feuchtigkeit, anderseits vor trockener Raumluft.

Um die Haftung, die Oberflächen- und Abriebfestigkeit und die Risssicherheit zu erreichen, werden Lehmputzen zum Teil Stroh- und Pflanzenfasern beigemengt, was zugleich auch die Wasserempfindlichkeit herabsetzen kann. Lehmputze sind nämlich wasserlöslich und deswegen im Außenbereich nur unter bestimmten Bedingungen einsetzbar. Im Innenbereich sind sie überall dort unbedenklich anzuwenden, wo sie keinem Spritzwasser ausgesetzt sind. Außerdem können sie nicht an feuchten beziehungsweise nicht abgedichteten Kellerwänden angebracht werden, und es muss sicher sein, dass sich kein Kondensat an den Lehmputz-Wänden niederschlagen kann. Auch eine Salzbelastung an Wänden, wie im Keller nicht selten, kann dem Lehmputz schaden.

Beim Einbringen dieser Putze spielt das Thema Trocknung eine wesentliche Rolle, da sie ihre Festigkeit durch die Abgabe der Feuchtigkeit erhalten. Lehm ist ein natürlicher Luftmörtel, der physikalisch abbindet, indem das Wasser verdunstet und die Sandkörnchen durch den Ton »verkleben«. Es entsteht eine hohe Bindekraft zwischen den Teilchen durch Adhäsion. Bei Kalk- und Zementputzen hingegen sorgen chemische Prozesse für das Erhärten.

Alle Wände aus Lehmbaustoffen müssen während der Bauzeit gegen die Witterung geschützt (abgedeckt) werden. Untergründe (Wände, Betonbauteile und so weiter) sollten erst dann verputzt werden, wenn sie trocken sind, sodass eine Bewegung von Lehmuntergründen wie Schwinden und Setzen abgeschlossen ist. Werden Lehmputze in mehreren Schichten aufgebracht, sollte die erste Schicht trocken sein, bevor die zweite Schicht aufgebracht wird.

Lehm muss einerseits frostfrei, andererseits aber »sanft« getrocknet werden. In der Regel wird dieser Baustoff deswegen technisch getrocknet, um möglichst die Kontrolle über die Raumtemperatur und -feuchtigkeit zu behalten. Die Luftfeuchtigkeit im Raum sollte bei etwa 35 % relativer Luftfeuchte gehalten werden. Bei der technischen Trocknung dürfen keine Wärmeenergie (zum Beispiel Infrarotstrahlung), trockene Luft oder erhöhte Luftgeschwindigkeiten (beispielsweise durch Ventilatoren) direkt auf die zu trocknenden Lehmflächen gebracht werden. Dadurch »verbrennt« die Lehmoberfläche, und es entstehen Risse. Beim »Verbrennen« haben sich die Kapillaren an den Oberflächen zugesetzt, die Oberfläche ist trocken, im Inneren des Baustoffs hält sich die Feuchte und kann nicht mehr entweichen.

In den ersten Tagen ist eine tägliche Kontrolle notwendig. Es ist dann zu entscheiden, ob die Trocknung in Intervallen erfolgen soll (Geräte 12 Stunden ausschalten / 12 Stunden in Betrieb halten).

Angesichts des anspruchsvollen Trocknungsverhaltens von Lehmputz muss sich ein Trocknungsmonteur zunächst fragen, welche Technik die richtige ist.

Trocknungstechniken

Ein natürliches Trocknen der Bausubstanz (Infokasten: »Vegetative Trocknung«) dauert in aller Regel sehr lange. Neben der erheblichen Verzögerung des Bauablaufs kann das langsame natürliche Trocknen auch zu Folgeschäden am Mauerwerk führen und die Gesundheit der Bewohner beeinträchtigen. Ist Derartiges zu erwarten, sollte man dringend auf die technische Trocknung zurückgreifen. Je nach Situation eignen sich bestimmte Verfahren:

Die meisten der Trocknungstechniken wirken nur indirekt auf die Bausubstanz ein. Ihr Prinzip: Sie entziehen der Raumluft die Feuchtigkeit. Dadurch kann die umliegende Bausubstanz die in ihr enthaltene Feuchtigkeit schneller an die trockene Luft abgeben. Die Luft dient als Übergabemedium der Feuchtigkeit.

Kondensationstrocknung: Kondens(ations)trockner (»Kältetrockner«) saugen Luft an und kühlen sie ab. Hierbei entsteht Kondenswasser, das entweder in einem regelmäßig zu leerenden Auffangbehälter gesammelt oder über eine Pumpe abgeführt wird. Die auf bis zu 30 % Feuchte getrocknete Luft wird, noch ehe sie an die Umgebung zurückgegeben wird, im Trockner wieder auf 24 bis 26 °C erwärmt, so dass sie anschließend weitere überschüssige Feuchtigkeit aufnehmen kann. Kondenstrockner sind leicht zu handhaben und i. d. R. ungefährlich für die Bausubstanz. Auf Baustellen nutzt man sie oft, um Putz und Lehm schneller zu trocknen. Für kalte Räume (unbeheizte Keller, Dachräume) eignen sie sich wenig, da die Lufttemperatur nur geringfügig gesenkt und somit nur wenig Feuchtigkeit entzogen wird. Unter 10 °C droht der Kondenstrockner zu vereisen. Kondensationstrockner gibt es in verschiedenen Ausführungen und Leistungsklassen. Die Leistungsfähigkeit eines Gerätes ist gekennzeichnet durch dessen Luftdurchsatz oder die Raumgröße in Kubikmetern.

Sorptionstrocknung: Bei der Sorptionstrocknung wird die Bausubstanz ebenfalls über eine Entfeuchtung der Luft getrocknet. Trocknungsgeräte, die nach dem Sorptionsprinzip arbeiten, ziehen die feuchte Luft über ein Trockenrad, das mit einem hochadsorbierenden Stoff – meistens Silikagel, in älteren Geräten Lithium-Chlorid (Li-Chl.) – beschichtet ist. Der Stoff zieht (sorbiert) das Wasser aus der Luft.

Sorptionstrockner sind bei fast allen in der täglichen Praxis vorkommenden Wasser- oder Feuchteschäden einsetzbar und funktionieren auch bei geringer Umgebungstemperatur. Ihr Einsatzbereich liegt zwischen -10 und +35 °C Lufttemperatur. Die Werte der relativen Luftfeuchtigkeit liegen bei bis zu 8 %. Dies birgt allerdings bei vielen Baustoffen die Gefahr der Übertrocknung und einer daraus resultierenden Schädigung. Die Praxis zeigt, dass bei starker Durchfeuchtung und niedrigen Temperaturen (unter +10 °C) Adsorber nicht optimal arbeiten. In solchen Fällen ist es meist wirtschaftlicher, die Raumtemperatur durch Heizen zu erhöhen und Kondenstrockner einzusetzen.

Mikrowellentrocknung: Hierbei wird nicht wie bei den anderen Trocknungsverfahren die Luft, sondern die nasse Bausubstanz direkt entfeuchtet. Der Trocknungsvorgang erfolgt durch Bestrahlen beispielsweise einer feuchten Wand mit hochenergetischen Mikrowellen (Frequenz liegt bei ca. zwei Milliarden Schwingungen pro Sekunde – 2,45 Gigaherz). Die Mikrowellen erzeugen ein elektrisches Feld, das in einer Sekunde 4,9 Milliarden mal die Richtung ändert. Die Wassermoleküle versuchen durch ständigen Wechsel der eigenen Ausrichtung im selben Rhythmus mitzugehen. In ihrer Erregung stoßen die in Bewegung versetzten, durch Mikrowellen mit Energie aufgeladenen Wassermoleküle mit benachbarte Molekülen zusammen und schubsen diese umher. Sobald ein Molekül einmal getroffen ist, wird dieses – vorher ortsfeste – Molekül zu einem schnell bewegten Molekül; und dies ist nach Definition ein heißes Molekül. So verwandelt sich das durch die Mikrowelle induzierte Bewegen in weiträumig verteilte Wärme. Das Wasser verdunstet, es entsteht ein hoher Dampfdruck, der schließlich ins Freie entweicht. Dadurch wird ein Verdunstungsvorgang aktiviert. Das Wasser wird aus dem Baustoff in Dampfform »herausgetrieben«.

Die Trocknung findet also von innen nach außen und siebenmal schneller statt als bei der Kondens- oder Sorptionstrocknung. Eine Bausubstanz, deren Trocknung per Kondens- oder Sorptionstrockner ein bis zwei Wochen in

Anspruch nehmen würde, kann mit der Mikrowelle innerhalb von nur wenigen Tagen oder sogar Stunden entfeuchtet werden.

Dem Zeitvorteil steht jedoch ein sehr hoher Energie- und Personalaufwand gegenüber. Und: Während des Einsatzes muss eine permanente Überwachung der Temperatur und der Feuchtigkeit innerhalb der Bausubstanz sowie der Strahlung erfolgen, um Personenschäden, aber auch Zerstörungen von Material vorzubeugen. Denn das Risiko der Schädigung durch Mikrowellen ist relativ hoch, wenn Bausubstanz bestrahlt wird, die nicht mehr nass oder feucht ist.

Die technische Trocknung von Zellulosedämmung mit einer Mikrowelle ist aus Sicherheitsgründen (Brand) nicht zu empfehlen. Insbesondere, wenn das Dämmmaterial in Holzgefache eingebracht wurde, besteht durch die Erwärmung die Gefahr, Harzgallen im Holz aufzuheizen und Brände auszulösen. Weiterhin kann die Mikrowellenstrahlung durch Metalle (Schrauben, Nägel, Verbinder und so weiter) unkontrolliert in der Konstruktion abgelenkt werden, sodass es zu Material- und/oder Personenschäden kommen kann.

Befinden sich im Baukörper unentdeckte Metallteile, kann die Bestrahlung, abhängig von den dielektrischen Eigenschaften des Metalls [Dielektrikum: von einem elektrischen Feld begrenzter räumlicher Bereich; kann gasförmig, flüssig oder fest sein], zu erheblichen lokalen Erhitzungen oder Spannungsüberschlägen führen. Genauso ist möglich, dass die Strahlung reflektiert und in Bereiche gelenkt wird, die nicht bestrahlt werden sollen.

Die hohen Sicherheitsvorkehrungen und der aufwändige Personal- und Maschineneinsatz machen die Mikrowellentrocknung nur selten wirtschaftlich.

Selbsttests mit der Mikrowelle sollten vermieden werden! Der absorbierfreudigste Stoff der Mikrowellenstrahlung ist Wasser. Aber auch Fette sind relativ gute Mikrowellenabsorbierer, und an dritter und vierter Stelle kommen Kohlenhydrate und Proteine. Deshalb erwärmen sich Mahlzeiten in Küchenmikrowellen am meisten dort, wo sie am feuchtesten und fettesten sind. Wird ein Körperteil, z. B. die Hand der freien Mikrowellenstrahlung ausgesetzt, durchdringen die Strahlen die Hautoberfläche und beginnen alle oben aufgeführten gut absorbierenden Stoffe im Körper zu erwärmen. Sobald »Schmerz« zu fühlen ist, ist eine irreparable Gewebeschädigung vollzogen, da die schmerzleitenden Nervenzellen an der Hautoberfläche liegen und der »Garvorgang« von innen nach außen vollzogen wurde.

In der Praxis wird von den Herstellern von Mikrowellentrocknern oft die Einsatzmöglichkeit im Tiefbau mit aufgeführt – hier, um gefrorenes Erdreich aufzutauen. Jedoch sind Mikrowellentrockner dazu nicht besonders gut imstande. In Eis sind die Wassermoleküle nämlich ziemlich fest in ein starres Gerüst (Kristallgitter) eingebunden und können sich unter dem Einfluss der

Mikrowellen nicht hin und her bewegen. Wird also gefrorenes Erdreich mit Mikrowellen aufgetaut, so absorbieren hierbei vor allem die nicht gefrorenen Wassermoleküle die Mikrowellen und geben die Wärmeenergie, die durch ihr Schwingen erzeugt wird, dann langsam an die umgebenden Eiskristalle ab, wodurch diese schmelzen. Dieser Vorgang kann sehr lange dauern, und es ist im Einzelfall zu überlegen, ob nicht z. B. mit Heizstäben der Auftauprozess im Vorfeld beschleunigt wird.

Infrarottrocknung: Auch bei dieser Trocknungstechnik wird nicht die Luft, sondern der Baustoff selbst entfeuchtet – ebenfalls durch Aufheizen. Für Infrarottrocknung spricht die erhebliche Zeiteinsparung. Zugleich werden die meist mit der Feuchte auftretenden Mikroorganismen (Schimmelpilz, Schwamm und so weiter) an der Oberfläche durch die Wärme beziehungsweise den Entzug der Feuchte abgetötet. Im Gegensatz zur Mikrowellentechnik ist die Infrarotwelle für den Menschen ungefährlich. Es handelt sich um eine Strahlung, ähnlich der von Kaminen, Öfen und Rotlichtlampen. Der Begriff »Infrarot« bezieht sich auf das Energieniveau der Strahlen und bedeutet »unterhalb von Rot«, also gerade unterhalb des Energiebereichs, der für das menschliche Auge noch wahrnehmbar ist (Licht). Allerdings kann es bei nicht sachgemäßer Handhabung der Geräte ebenfalls zu einer Übertrocknung der Baustoffe und damit zu weiteren Schädigungen kommen. Zur Infrarot-Bestrahlung werden in der Bautrocknung Platten oder große Wärmelampen eingesetzt. Meistens als unterstützende Geräte, da die aus dem Baustoff durch die Erwärmung herausdiffundierende Feuchtigkeit mittels Kondens- oder Absorptionstrockner aus der Raumluft abgetrocknet werden muss.

Sublimationstrocknung: Der Vollständigkeit halber ist noch die Sublimationstrocknung zu nennen, die auch als Gefrier- oder Vakuumtrocknung bezeichnet wird. Sie ist ein Sonderfall, da sie nicht die Bausubstanz trocknet. Das Verfahren wird ausschließlich zur Trocknung von sortenreinen Papier- und Papp-Stoffen (Bücher, Dokumente) nach einem Wasserschaden angewendet. Die Trocknung findet nicht auf der Baustelle, sondern in speziellen Vakuumschränken statt.

Bei der Gefriertrocknung nimmt das zuvor eingefrorene Wasser während des gesamten Vorgangs nicht mehr den flüssigen Aggregatzustand ein, sondern geht direkt von Eis in Dampf über. Wir alle kennen das Phänomen, wenn im Winter der Schnee verschwindet, ohne flüssig zu werden. Es wird »Sublimation« genannt. In den Vakuumkammern wird der Trocknungsvorgang einer Gefriertrocknung beschleunigt, indem die feuchten Materialien einem Unterdruck von 6 Millibar ausgesetzt und auf bis zu +50 °C erhitzt werden. Unterhalb von 6 Millibar, dem sogenannten Tripelpunkt, verflüssigt sich Wasser nicht, auch wenn die Raumtemperatur oberhalb des Punkts liegt, an dem

Eis normalerweise schmilzt. Der im Vakuum aus den Papieren entweichende Wasserdampf wird an Eiskondensatoren bei wiederum –50 °C zu Eis kondensiert. Auf der Baustelle ist dieses hochkomplexe Verfahren nicht einsetzbar.

In der Gebäudetrocknung bleibt wegen der größeren Praktikabilität und der bestmöglichen Ausnutzung physikalischer Gesetze die Lufttrocknung – also Sorptions- und Kondenstrocknung – weiterhin die wichtigste Methode.

Um die vom Trockner erzeugte relative Luftfeuchtigkeit konstant zu halten und einen bausubstanziellen Wert nicht zu unterschreiten, werden als Regelinstrumente sogenannte **Hygrostate** eingesetzt. Bei manchen Trocknungsgeräten sind sie bereits eingebaut, bei anderen gibt es nur Anschlussmöglichkeiten. Einfache Trockner haben weder das eine noch das andere.

Im konkreten Fall des Freizeitbads schied der Einsatz von Infrarotplatten oder Mikrowellentrocknern für eine beschleunigte Trocknung aus. Bei Temperaturen zwischen +80 und 100 °C, die bei diesen Techniken in den Baustoffen entstehen würden, wären Schäden wie Verbrennungen, Risse oder Abplatzungen einzelner Lehmschollen programmiert.

Bei der Lehmtrocknung in den großen Räumen der Schwimmhalle empfahl sich der Einsatz von Kondenstrocknern. Sie bieten den Vorteil einer hohen Luftwechselrate, lassen die relative Luftfeuchte nicht unter 35 % fallen und verbrauchen weniger Energie als Adsorptionstrockner. Weiterhin wäre die Luftwechselrate von Adsorptionstrocknern zu gering, sodass mit einer großen Anzahl von Geräten gearbeitet werden müsste. Als Trocknungstechnik wurde deswegen im Freizeitbad fachlich und sachlich zu Recht die Kondensationstechnik ausgewählt.

Gleich mit sechs Kondenstrocknern war der Fachbetrieb angerückt. Die Frage, ob so viele Geräte wirklich nötig waren, drängte sich geradezu auf. Und in der Tat schien der Gerätepark auf den ersten Blick überdimensioniert. Der verwendete Trocknertyp war nach Herstellerangaben für ein Raumvolumen von etwa 600 m³ ausreichend. Der Schwimmbadbereich, den es zu trocknen galt, umfasste grob ein Raumvolumen von etwa 1600 m³. Nach Adam Riese wären demnach drei Geräte ausreichend. Oder nicht?

Betrachtete man nicht allein das rechnerische Raumvolumen, sondern auch die übrigen baulichen Gegebenheiten, ergab sich eine andere Rechnung: Der Raum ließ sich während der Bauarbeiten nicht durch Türen schließen, sodass die Raumluft aus den benachbarten Räumen permanent befeuchtet wurde. Auch die Bauarbeiter produzierten zusätzliche Feuchtigkeit. Aber am schwersten wog das Argument, man müsse die Trocknung des Lehmputzes materialbedingt immer wieder unterbrechen. Zog man unter diesen Bedingungen die sogenannte Luftwechselrate der Trocknungsgeräte als Maßstab heran, ergab sich ein anderes Bild.

Luftwechselrate

Die Luftwechselrate ist das Maß für den kompletten Luftaustausch eines Raums pro Stunde und wird in der Einheit »n« (in 1/h) angegeben: Die Luftwechselrate n = 1/h bedeutet, dass das komplette Raumvolumen in einer Stunde ausgetauscht wird. Dabei wird sowohl die Luft, die durch unbeeinflussbare Undichtigkeiten oder durch freies Lüften in den Raum strömt, als auch die Luft, die durch maschinellen Luftwechsel, zum Beispiel durch eine Lüftungsanlage, umgewälzt wird, berücksichtigt.

Ist nach einem Wasserschaden eine Raumtrocknung einzuleiten, ist bei der Kalkulation von Trocknungszeiten immer auch die Luftwechselrate heranzuziehen; in der Regel wird durch eine hohe Luftwechselrate die vegetative Trocknung verstärkt, weil trockene Außenluft zugeführt wird. Durch den Luftwechsel kann aber in Einzelfällen auch feuchte Luft in die benachbarten Räume gelangen, sodass sich die Trocknungszeiten verlängern.

In der Praxis hat sich gezeigt, dass die Luftwechselrate pro Stunde auf einen 0,2- bis 0,5-fachen Luftwechsel eingestellt werden muss, da bei diesen Werten eine Schädigung der meisten Baustoffe ausgeschlossen und eine optimale Abtrocknung gewährleistet ist.

Hier ist anzumerken, dass in Einzelfällen auch Luftwechselraten von 1,0- bis 2,0 pro Stunde möglich sind. Dies ist u. a. von der Raumgeometrie und der Anfangsdurchfeuchtung der Baustoffe abhängig und darf nur begründet und eng überwacht angewendet werden.

In bewohnten Räumen ist bei einer Trocknung immer auf das Inventar achtzugeben. Es ist ohne Weiteres möglich, dass infolge einer Trocknungsmaßnahme Korken in Weinflaschen austrocknen und undicht werden. Auch Pflanzen und empfindliches Inventar (Holz, Musikinstrumente usw.) können durch die abgesenkte relative Luftfeuchtigkeit, durch erhöhte Temperatur und Luftwechselrate Schaden nehmen. In diesen Bereichen sind auf jeden Fall Hygrostate einzusetzen und, wenn möglich, Pflanzen und Inventar aus den Räumen zu entfernen. Über empfindliches, nicht zu entfernendes Inventar (Klaviere, große Schränke) können Folienzelte gespannt werden. Unter der Folie wird dann ein Eimer mit Wasser platziert, sodass die Feuchtigkeit in dem den Gegenstand umschließenden Luftvolumen erhöht und die Gefahr eines Übertrocknens erheblich herabgesetzt wird.

Partielle Decken- oder Wandteile können durch Luftkissen sehr gezielt getrocknet werden. Hierbei werden Folien über das durchfeuchtete Bauteil gespannt, um das Luftvolumen zu verkleinern und eventuelle Betriebsunterbrechungen infolge der Sperrung ganzer Räume zu vermeiden. Die trockene Luft wird auf der einen Seite der Folie eingelassen, sodass sich diese wie ein

Segel über das durchfeuchtete Bauteil spannt. Auf der gegenüberliegenden Seite muss (!) die mit Feuchtigkeit angereicherte Luft entweichen können. Die Luftwechselrate muss mit einem 0,2- bis 0,5-fachen Wechsel je Stunde auch hier stimmen. Bei empfindlichen Hölzern (Parkett und Ähnlichem) darf die Luftwechselrate allerdings einen 0,1- bis 0,5-fachen Luftwechsel nicht überschreiten, da es hier sonst zu Rissen kommen kann.

Bei Neubautrocknungen ist im Allgemeinen darauf zu achten, dass die technische Trocknung erst dann eingeleitet wird, wenn die chemische Reaktion des Baustoffs, also der Abbindeprozess, bereits weit vorangeschritten ist. Bei Zementestrichen zeigt sich in der Praxis, dass eine Wartezeit von rund sieben Tagen zu empfehlen ist. Besonderheiten sind beim Lehmputz zu beachten.

Sehr erfahrene Trocknungstechniker können die Geräte bei einer Neubautrocknung so positionieren und installieren, dass mit der Trocknung auch schon kurz nach dem Einbringen des Estrichs oder des Putzes begonnen werden kann. Hier ist jedoch mit einer Luftwechselrate nicht höher als 0,1/h und mit Hygrostaten zu arbeiten. Die geringe Luftbewegung (möglichst nur durch den Trockner selbst erzeugt) ist ganz entscheidend, um einen Schaden zu vermeiden.

In der Praxis hat sich gezeigt, dass die relative Luftfeuchtigkeit in den ersten zehn Tagen einen Wert von 55 % nicht unterschreiten darf.

Das Freizeitbad hatte ein Raumvolumen von 1600 m^3. Aber aufgrund der Eigenschaften der zu trocknenden Bausubstanz und der oben aufgeführten Parameter musste von einer benötigten Luftwechselrate: $n = 2{,}5/h$ ausgegangen werden. Es ergibt sich also folgende Rechnung:

$1600\ m^3 \times 2{,}5/h = 4000\ m^3/h$

Luftwechselrate des Bautrockners = 710 m^3/h

$4000\ m^3/h : 710\ m^3/h = 5{,}63$ => **sechs Geräte**

Die aufgestellten sechs Bautrockner waren demnach in ihrer Anzahl weder über- noch unterdimensioniert. Allerdings konnte ich Fehler bei der Positionierung der Geräte feststellen. Werden die Trocknungsgeräte nämlich – im Verhältnis zu ihrer Leistungskraft – in zu kleinen Räumen aufgestellt, trocknet die Oberfläche zu schnell ab, während im Innern des Baustoffs die Feuchtigkeit noch gehalten wird. So kommt es zum kapillaren Abriss im Baustoff (Bild 3.1). Die Geräte müssen umpositioniert werden, sie dürfen nur in den großen und zusammenhängenden Räumen und im Flur aufgestellt werden, sodass die Luftwechselrate im Verhältnis zum Raumvolumen steht. Außerdem ist darauf zu achten, dass bei fortschreitender Trocknungsdauer eventuell zwei bis drei Bautrockner entfernt werden müssen, da die benötigte

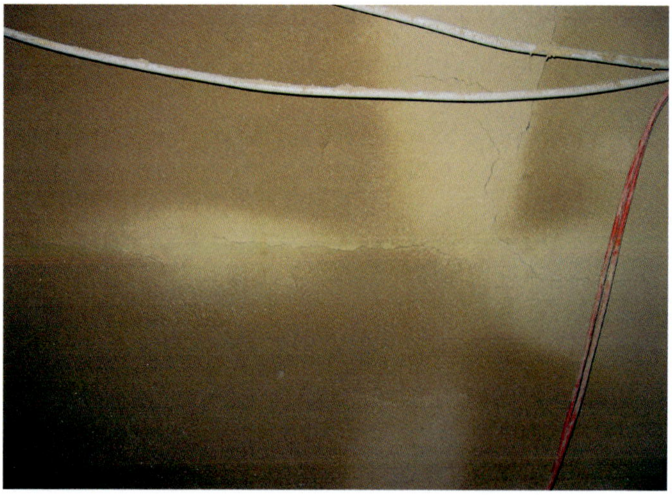

Bild 3.1: Falsche Bemessung der Trocknungsgeräte: Trocknet die Oberfläche des Baustoffs schneller ab als sein Inneres, kommt es zum kapillaren Abriss.

Luftwechselrate bei abtrocknenden Lehmbaustoffen auf höchstens n = 0,2/h bis n = 0,5/h herabgesetzt werden sollte.

Um den Luftwechsel effizient zu halten, ist es wichtig, die Luftmasse in ausreichendem Maß in Bewegung zu bringen. Das Unternehmen hatte dafür zwei Ventilatoren aufgestellt, doch zur Einstellung einer optimalen Luftbewegung reichten sie nicht aus. Es wäre nötig gewesen, in jedem Raum einen Ventilator zu platzieren, der weder auf die Baustoffoberfläche noch auf den Kondenstrockner hätte ausgerichtet werden dürfen.

Im Freizeitbad entdeckte ich einen Ventilator, der in höchster Stufe direkt auf die Baustoffoberfläche ausgerichtet war. Prompt zeigte sie in einigen Bereichen eine »trockene Farbe« und wies Risse auf. Im Inneren war der Baustoff nass. Die Oberfläche war »verbrannt«, ein kapillarer Abriss hatte sich eingestellt.

Die Ventilatoren dürfen, wie gesagt, weder direkt auf die zu trocknende Baustoffoberfläche noch auf die Bautrockner zielen, sie müssen die Luft jedoch in die Richtung der aufgestellten Trockner bewegen. Dabei dürfen sie nur auf kleiner bis mittlerer Stufe laufen (im Zweifelsfall geringer einstellen!), die Luftbewegung sollte körperlich leicht wahrnehmbar sein. Eine ideale Luftwechselrate wäre etwa das 0,2- bis 0,5-fache des Raumvolumens pro Stunde, um die Baustoffoberflächen nicht zu »verbrennen«, also keinen kapillaren Abriss zu bewirken.

Sehr zufrieden war ich mit der herrschenden Raumtemperatur von +23 °C, die als trocknungsfördernd und für eine Situation wie im Freizeitbad (Kondensationstechnik/Baustoff Lehm) als ideal anzusehen war. Abweichungen hiervon (insbesondere zu hohe Temperaturen) würden die Trocknungszeit verlängern und/oder zu Schäden an den Baustoffen führen.

Die technische Trocknung des Baustoffs Lehm erfordert es zudem, eine sogenannte Intervalltrocknung einzuleiten, um einen kapillaren Abriss zu vermeiden. Hierbei müssen die Trockner im Wechsel 12 Stunden durchlaufen, dann 12 Stunden ausgestellt werden. Das Intervall kann aber auch je nach Zusammensetzung des Lehms abweichen, da gibt es leider keine Regeln. Selbst die Lehmputzanbieter können dazu keine sichere Auskunft geben. Hier hilft nur: ausprobieren und beobachten! Zeigt sich die Oberfläche zu schnell trocken, ist die Abstellzeit auf bis zu zwölf Stunden zu verlängern. Während der Unterbrechung ist nur eingeschränkt durch Fensteröffnung zu lüften. Während der technischen Trocknung sind die Fenster und Türen geschlossen zu halten.

Erfahrungsgemäß dauert eine optimal durchgeführte technische Trocknung bei Lehmbaustoffen 14 bis 28 Tage. Hiervon kann im Einzelfall jedoch erheblich abgewichen werden. In jedem Fall sollte der Unterputz so weit wie möglich abgetrocknet sein, bis der wiederum feuchte Oberputz aufgetragen wird, da die Feuchtigkeit des Unterputzes den Weg durch den Oberputz hindurch an die Oberfläche zurücklegen muss und der Trocknungszeitraum so vergrößert wird.

Übrigens: Der durch die zu schnelle Trocknung beziehungsweise falsche Belüftung entstandene Schaden am Lehmputz ließ sich in diesem Fall noch recht leicht beheben. Bei kapillarem Abriss ist es nämlich möglich, die Oberfläche mittels einer Stachelwalze vorsichtig zu öffnen, um den Trocknungsprozess wieder zu beschleunigen und auch die tiefer liegenden Schichten abtrocknen zu lassen. In anderen Fällen mag dies nicht funktionieren. Dann kann man versuchen, die Oberfläche des Lehms abzutragen. Im schlimmsten Fall muss der Putz vollständig zurückgebaut werden.

Bei Lehmbaustoffen in Holzbalkendecken ist ein Abtragen beziehungsweise Öffnen der Lehmoberfläche nicht möglich (siehe Infokasten: »Holzbalkenkonstruktion mit Einschub (zum Beispiel Lehm)«). Sollte hier durch falsche Trocknung ein »Verbrennen« verursacht worden sein, ist ein sehr teurer Rückbau unvermeidbar.

Fazit

- Bei der Bemessung der Anzahl an Trocknungsgeräten zählt nicht nur das Raumvolumen, sondern auch die Luftwechselrate.
- Trocknung braucht neben Sachverstand auch Geduld.
- Zu schnelle Trocknung führt zum »Verbrennen« von Baustoffoberflächen, ohne dass die Feuchtigkeit aus den tiefer liegenden Schichten austreten konnte.

3.2 Falsche Fährte Silberfische Wie findet man die Quelle eines Wasserschadens?

Nicht jeder Wasserschaden ist ein Wasserschaden, und so kommt es, dass gelegentlich Schäden erst durch eine (falsche) technische Trocknung – die eigentlich gar nicht nötig gewesen wäre – hervorgerufen werden. So war es in diesem Fall, zu dem ich als Sachverständiger gebeten wurde, nachdem sich die Geschichte schon über Monate hingezogen hatte und die beteiligten Parteien völlig zerstritten waren.

Es ging um ein Mehrfamilienhaus, in dem sich bereits mehrere Mieter über Schädlingsbefall (Silberfische/Lepisma saccharina) in der Wohnung beklagt hatten. Also beauftragte die Hausverwaltung einen örtlichen Handwerksbetrieb, den Fall zu untersuchen und mögliche Schäden zu beheben. Der beauftragte Handwerker wurde fündig: Er stellte in mehreren Badezimmern Wasserschäden durch defekte Armaturen und Anschlüsse fest, ersetzte prompt die entsprechenden Teile und führte in mehreren Wohnungen eine technische Trocknung des schwimmenden Estrichs und der Hohlräume unterhalb der Badewanne durch.

Noch während dieser Arbeiten kam es bei einem der Mieter zu einem Defekt an der Spültischarmatur in der Küche. Die Beschädigung war so klein, dass er sie ohne großes Aufheben auf eigene Kosten beheben ließ. Die Dichtung war nicht mehr intakt gewesen, das Wasser war jedoch nicht in größeren Mengen ausgelaufen. Doch der Handwerker hatte den Schaden mitbekommen und sah sich nun veranlasst, auch zusätzliche Trocknungsarbeiten in der Küche durchzuführen.

Der Mieter nahm dies gelassen hin, schließlich arbeitete der Handwerker ja auf Kosten der Hausverwaltung und würde wissen, was er tat. Doch wenige Tage später entdeckte der Mieter, dass sich die Bodenfliesen in seiner Küche aufwölbten und zerbrachen (Bild 3.2). Er setzte eigenmächtig die Trockengeräte außer Betrieb und informierte die Hausverwaltung. Die schickte gleich am nächsten Tag einen Mitarbeiter vorbei, der den Schaden in Augenschein nahm. Er vermochte eine noch nicht abgetrocknete Durchfeuchtung der Bodenfläche in der Küche festzustellen – und damit stand sein Urteil fest: Der Mieter müsse die Schäden an den Fliesen und am Estrich auf eigene Kosten reparieren lassen. Diese seien nämlich auf die defekte Armatur an der Küchenspüle zurückzuführen, weil der Estrich durch den Wasserschaden der Küchenarmatur »aufgequollen« wäre, und somit der Fliesenschaden entstanden sei. Und damit nicht genug: Er ließ dem Mieter auch die Trocknungskosten in Rechnung stellen. So ging es also um einen Schaden von insgesamt etwa 5 000,– Euro.

Der Mieter war entsetzt. Konnte das wirklich sein? Konnte der aus seiner Sicht unerhebliche Wasseraustritt an der Spülarmatur dazu geführt haben, dass die Bausubstanz der Wohnung durchfeuchtet war? War die Bausubstanz in der Wohnung überhaupt durchfeuchtet? Und konnte ein Wasserschaden wirklich Bodenfliesen

Bild 3.2:
Böse Überraschung während der Trocknungsarbeiten: Die Bodenfliesen wölben sich auf und zerbrechen.

aufbrechen? Da ihm das alles sehr unwahrscheinlich erschien, beauftragte er mich als unabhängigen Gutachter. Und seine Skepsis war nicht unbegründet.

Schon bei meiner ersten Begehung konnte ich in seiner Wohnung weder irgendeine typische Geruchsbildung noch organischen Befall feststellen, die auf einen offenen oder verdeckten Wasserschaden hingedeutet hätten. Auch bei genauerer Betrachtung gab es keine Indizien für einen Wasserschaden: In der Küche fand ich lediglich Laufspuren an der Wand, wie sie bei der Zubereitung von Mahlzeiten entstehen, wenn Kochzutaten von der Arbeitsplatte fallen oder tropfen. Das sah in keiner Weise nach frischem Leitungswasser direkt aus der Armatur aus!

Es fehlten ebenso Anzeichen für aktuell oder in der Vergangenheit kapillar aufgestiegene Feuchtigkeit aus der Bodenkonstruktion, denn ich konnte keine Ausblühungen, Ausschwemmungen oder Abplatzungen an den Farb- und/oder Putzflächen feststellen. Die Oberflächen waren mit Fliesen und Silikonfugen versiegelt und hätten ein Eindringen des Wassers in die Wand oder den Boden ohnehin verhindert. Nach Analyse der Unterseite der Küchenspüle konnte ich sogar ausschließen, dass überhaupt irgendwelche Feuchtigkeit in den Hohlraum unter der Spüle gelangt war: Rund um die Anschlüsse der Spültischarmatur und der Waschmaschine zeigten sich an der Mauer und an der Trennwand zum Spülenunterschrank keinerlei Einwirkungen von Feuchtigkeit.

Ich prüfte Siphon, Anschlüsse, Schellen und so weiter, die ich als mögliche Schadensursachen ausschließen konnte: Sie waren in gutem Zustand und funktionierten einwandfrei (Bild 3.3). Wäre Wasser über die undichte Armatur ausgetreten, so wäre es an den Verschraubungen, Schellen und Muffen abgetropft und in den Schrank gelaufen. Die defekte Armatur war direkt darüber installiert. Die offene Spanplatte würde bei Kontakt mit Feuchtigkeit sofort quellen. Doch weder waren an der Trennwand zum Spülenunterschrank Laufspuren oder Ähnliches zu sehen, die

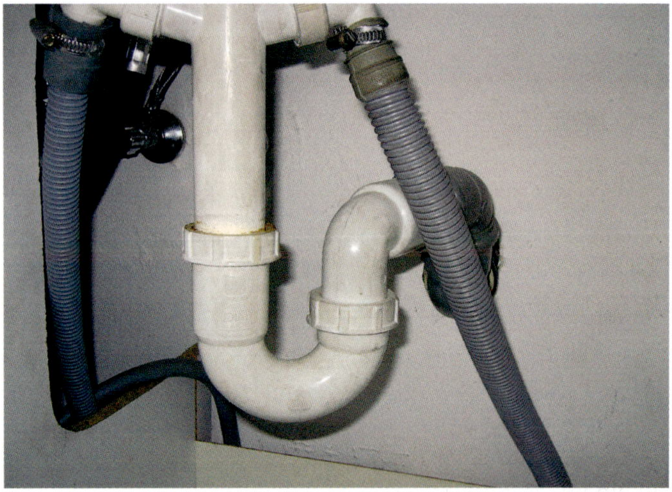

Bild 3.3:
Siphon, Anschlüsse und Schellen sind in gutem Zustand und funktionieren einwandfrei, daher sind sie als Schadensursache auszuschließen.

auf von oben eindringendes Wasser hingedeutet hätten, noch wies die an der Seite unversiegelte Spanplatte irgendwelche Quellungen oder weitere Spuren von Feuchtigkeit auf. Deswegen war ich hundertprozentig sicher: Hier hatte es weder einen Kontakt mit Feuchtigkeit noch einen Wasserschaden gegeben, weder jetzt noch in der Vergangenheit. Selbst der Feuchtigkeitsaustritt an der Armatur, der vom Mieter als Wasserschaden bezeichnet worden war, hatte keinerlei Spuren hinterlassen.

Das bestätigten auch meine Feuchtemessungen an den Trennwänden zum Wohnzimmer und zum anliegenden WC, wie auch die Tiefenmessung in der Trittschalldämmung (Mineralwolle) unterhalb der Estrichplatte in unmittelbarer Nähe zum Spültisch (Bild 3.4). Hier ergab die Messung einen klaren Wert für trockene Baustoffe.

Bild 3.4:
Die Feuchtemessung in der Trittschalldämmung (Mineralwolle) unterhalb der Estrichplatte ergibt einen klaren Wert für trockene Baustoffe.

Nun knöpfte ich mir noch die Stelle vor, an der die Bodenfliesen aufgebrochen waren. Meine Feuchtemessungen ergaben erneut eindeutige Werte für trockene Baustoffe. Und auch die an dieser Stelle entnommene Mineralwoll-Probe zeigte weder bei der gründlichen Inaugenscheinnahme noch bei der groben mikroskopischen Untersuchung Hinweise auf einen Wasserschaden.

Das Urteil war klar: Es gab in der Küche nachweislich keinerlei Durchfeuchtung der Bausubstanz. Der Wasseraustritt an der Armatur der Küchenspüle war völlig ohne Relevanz. Der Mieter konnte also für etwaige Schäden nicht haftbar gemacht werden.

»Quellverhalten« Zementestrich

Zementestrich (siehe Infokasten: »Estricharten (Bindemittel)«) kann selbst bei einem großen Wasserschaden nicht »aufquellen«, da er – anders als Fließestrich, der aus diesem Grund nicht in Küchen und Badezimmern eingesetzt wird – keine Stoffe enthält, die einen Quellvorgang auslösen könnten. Nur bei lang einwirkender Feuchtigkeit können eingebundene Salze oder Mineralien ausgeschwemmt werden, die unter den Bodenbelag gelangen und dort Schäden wie zum Beispiel eine Lockerung des Fliesengrundes und der Bodenfliesen verursachen können.

Rein theoretisch wäre eine zu einem Schaden führende thermische Ausdehnung des Estrichs möglich, jedoch nur dann, wenn es sich um einen Wasserschaden mit extrem heißem Wasser handelt, das über mehrere Stunden auf den Estrich einwirken konnte. In einem solchen Fall kann Zementestrich eine Längenänderung erfahren und sich ausdehnen. Dies wiederum könnte einen Schaden an der Fliesenoberfläche verursachen.

Doch damit war der Fall noch nicht abgeschlossen, denn: Was war die Ursache für die beschädigten Bodenfliesen in der Küche? Ein Wasserschaden, wie vom Handwerker behauptet, konnte es nicht gewesen sein.

Ich nahm die Bodenfliesen unter die Lupe und entdeckte, dass sich die Fliesenfläche genau an der Fuge aufgestellt hat und vom Fugenrand her aufgebrochen war (Bild 3.2). Der hoch gedrückte Fliesenboden wies ein Gefälle auf, das – wie sich mit der Wasserwaage einwandfrei feststellen ließ – von einer bestimmten Ecke ausging. Es handelte sich um genau die Ecke, an der der Handwerker Prozessluftöffnungen in den Küchenboden gebohrt hatte, um dort Prozessluft über einen Schlauch in die Bodenkonstruktion zu leiten.

Man musste nur noch eins und eins zusammenzählen, um der Ursache für den Fliesenschaden auf die Spur zu kommen: Ganz offensichtlich hatte der Handwerker gepfuscht!

Bei einer technischen Trocknung im Überdruckverfahren (siehe Infokasten: »Saug-/ Druckverfahren«) muss nämlich nicht nur Luft zugeführt, sondern gleichzeitig sichergestellt werden, dass sie auch wieder austreten kann. Sonst wirkt die Trocknung wie der Blasebalg beim Luftballon: Er bläst, bis der Ballon platzt. Wird eine Dämmschicht unterhalb einer Estrichplatte technisch getrocknet, müssen entweder entsprechende Bohrungen in den Fugen vorgenommen oder besser noch die mit Silikon abgedichteten Randfugen der Bodenverfliesung geöffnet werden. Dann sind genügend Austritte vorhanden, um eine Luftdurchströmung und Entlastung zu schaffen. Nur eine ausreichende Luftzirkulation in der Dämmschicht kann zu einem Trocknungserfolg führen.

Auch die PVC-Rohrbögen mit Gummimuffen, die in die Bohrlöcher gesetzt wurden, waren fast vollständig dicht, was prinzipiell richtig ist, wenn es genügend Austrittslöcher gegeben hätte. So jedoch konnte der von dem Verdichter erzeugte Luftstrom nur in sehr geringen Mengen entweichen und wurde infolgedessen mit beinahe vollständiger Kraft unter die Estrichplatte gedrückt.

Von oben wirkte als Gewichtskraft die Last der Estrichplatte und des Mobiliars einer möglichen Bewegung entgegen:

$$
\begin{aligned}
F\ (\text{Estrich}) &= \text{Masse} \times \text{Erdbeschleunigung} \\
&= 1\,476{,}2\ \text{kg} \times 9{,}81\ \text{m/s}^2 \\
&= 14\,481{,}52\ \text{N}.
\end{aligned}
$$

Dem wirkte von unten die Nutzkraft aus dem Überdruck entgegen, also:

$$
\begin{aligned}
F\ (\text{Nutzkraft}) &= \text{Druckdifferenz} \times \text{Fläche} \\
&= 0{,}11\ \text{bar} \times 13{,}42\ \text{m}^2 \\
&= 147\,620\ \text{N}.
\end{aligned}
$$

Die durch den Verdichter erzeugte Nutzkraft war wesentlich größer, nämlich zehnmal so groß wie die Gewichtskraft des Estrichs. Die Prozessluft des Verdichters konnte nicht entweichen, der entstehende Überdruck wirkte fast vollständig auf die Estrichplatte und somit auf den Fliesenspiegel. Die dadurch erzeugte Kraft schob die Fliesen zusammen, stellte sie auf und ließ sie brechen. Dafür sprach auch die an den Risskanten abgesprungene Glasur. Da sich die Fliesenfläche aufgestellt hatte, war anzunehmen, dass die Estrichplatte darunter ebenfalls gerissen beziehungsweise gebrochen war. Vermutlich hatte das Kücheninventar aufgrund des hohen Eigengewichts bewirkt, dass die Bodenfliesen in der freien Raummitte aufbrachen, also im Wesentlichen dort, wo keine weitere Last entgegenwirkte.

Der Handwerker hatte also »einen richtigen Bock geschossen«: Er hatte einen Wasserschaden diagnostiziert, den es gar nicht gab. Diesen behob er dann auch noch, und zwar so dilettantisch, dass dabei die Bodenfliesen und der darunter liegende Estrich Schaden nahmen.

Doch die Mängelliste des Handwerkers war damit nicht abgeschlossen: Durch die Häufung der Fehler skeptisch geworden, überprüfte ich nun auch noch die Durchfeuchtung der Bausubstanz im Badezimmer. Unglaublich, aber wahr: Auch dort hatte kein umfangreicher Wasserschaden vorgelegen! Lediglich hinter der ersten Fliesenreihe oberhalb der Badewanne hatte sich etwas Feuchtigkeit angesammelt, offensichtlich weil die Silikonfuge zwischen Fliese und Wanne leicht abgerissen war. Nur in den Bereichen, wo keine Flankenhaftung der Silikonfuge mehr vorhanden war, konnte direkt hinter den angrenzenden Fliesen Feuchtigkeit gemessen werden, alle anderen Bereiche waren trocken. Die Bodenfläche wies keinerlei Durchfeuchtung auf.

Dass der Badezimmerboden feucht war, musste der Handwerker geträumt haben. Er hatte sich jedenfalls noch nicht einmal die Mühe gemacht, den Boden anzubohren, sodass eine gesicherte Feuchtemessung im Prinzip unmöglich war. Als ich die Bodenfläche näher untersuchte und Feuchtemessungen durchführte, konnte ich jedenfalls keine Spuren von Feuchtigkeit feststellen. Die Bausubstanz war trocken, und das war ganz sicher nicht die Folge gelungener Trocknungsmaßnahmen.

Um seinen Pfusch zu krönen, hatte der Handwerker nämlich auch diesen Wasserschaden, der keiner war, fehlerhaft behandelt: Zwar stellte er, wie es bei einem echten Wasserschaden durchaus sinnvoll gewesen wäre, einen Adsorptionstrockner auf. Allerdings in einer Weise, die eine Trocknung, wäre sie denn nötig gewesen, nicht erfolgreich hätte verlaufen lassen.

Denn es ist zwingend erforderlich, einen Schlauch an den Abdampf-Stutzen des Adsorptionstrockners anzuschließen, um die feuchte Abluft aus dem Fenster zu leiten. Genau dies aber hatte der Handwerker offenbar vergessen, sodass die warme, mit Feuchtigkeit angereicherte »Re-Luft« direkt in die Raumluft des Badezimmers gedrückt wurde (Bild 3.5). Man muss sich den Effekt etwa so vorstellen, als würde

Bild 3.5:
Vergessen? Am Abdampf-Stutzen eines Adsorptionstrockners muss zwingend ein Schlauch angeschlossen werden, um die feuchte Abluft aus dem Fenster zu leiten. Sonst wird die warme, mit Feuchtigkeit angereicherte »Re-Luft« direkt in das Badezimmer gedrückt.

man einen Staubsauger ohne Filterbeutel betreiben: Was er vorne wegsaugt, bläst er hinten heraus wieder auf den Boden.

Die einzige Konsequenz, die diese fehlerhafte Handhabung des Geräts gehabt haben dürfte, war eine ansteigende Raumlufttemperatur, insbesondere in direkter Umgebung des Trockners, der unglücklicherweise direkt neben dem Heizkostenverteiler am Heizkörper aufgestellt war. Wieder hätte der Mieter den Schaden davongetragen: Denn die starke Wärmeabgabe führt dazu, dass der Energieverbrauchsmesser einen erhöhten Heizverbrauch registriert. Die Kosten hierfür wären dem Mieter mit der nächsten Heizkostenabrechnung aufgebürdet worden.

Falsche Diagnose und fehlerhafter Geräteeinsatz eines angeblich spezialisierten Handwerkers hatten erst den Schaden verursacht, für den der gänzlich unbeteiligte Mieter fälschlicherweise aufkommen sollte. Doch die Geschichte hatte ein Happy End: Der Mieter musste letztlich keinen Pfennig bezahlen, sein Küchenboden wurde komplett neu verlegt. Die Kosten dafür übernahm die Haftpflichtversicherung des Handwerkers, die sich allerdings vorbehielt, den Versicherungsnehmer wegen eines Erfüllungsschadens in Regress zu nehmen. Und die Silberfische waren in dem Trubel alle ausgezogen. Denn die Tierchen sind angeblich extrem lärmempfindlich. Wasser übrigens brauchen sie nicht, wenngleich sie feuchte Räume bevorzugen. Wichtiger als Feuchtigkeit ist ihnen Nahrung (Zucker und Mehl), Wärme und Dunkelheit. Wer also Bad und Toilette nicht übermäßig heizt, gut beleuchtet und regelmäßig lüftet und putzt, wird die silbrigen Insekten nicht lange als Mitbewohner haben.

Fazit

- Bautrocknung braucht Kompetenzen, die nicht jeder Handwerker mitbringt.
- Bisweilen reicht eine Flasche Silikon, um eine Durchfeuchtung zu stoppen.
- Manche Tiere heißen zwar (Silber-) Fische, schwimmen aber nicht und brauchen auch kein Wasser.

3.3 Leitungswasserschaden – ist die Rechnung wirklich plausibel? Was kostet ein gemietetes Trocknungsgerät – oder: Was muss man zahlen?

Die Geschichte war denkbar unspektakulär. In einem Privathaushalt hatte es einen Leitungswasserschaden gegeben. Der Eigentümer beauftragte ein ortsansässiges Trocknungsunternehmen, das den Auftrag auch binnen Kurzem durchführte. Alles schien in Ordnung. Doch dann zahlte der Eigentümer die Rechnung nicht, denn zu seinem eigenen Ärger hatte er keine entsprechende Versicherung abgeschlossen und musste deswegen für den Schaden selbst aufkommen. Jetzt war ihm die Rechnung zu hoch, und er verweigerte die Zahlung. Sein (einziges) Argument: völlig überteuerte Preise. Der Stundenlohn sei okay, aber die Mietpreise der Trocknungsgeräte seien überhöht.

Das Trocknungsunternehmen war nicht verhandlungsbereit. So kam es also zum Prozess. Und da das zuständige Landgericht über keinerlei Fachwissen zum Thema Gebäudetrocknung verfügte und erst recht keine Vorstellung davon hatte, wie hoch die Miete von Trocknungsgeräten ist, ließ man mich ein Sachverständigengutachten erstellen, indem ich die »markt- und ortsüblichen Preise« ermitteln sollte.

Eine solche Ermittlung ist nicht unüblich und gehört seit meiner Bestellung zum Sachverständigen im Jahr 2001 zum täglichen Geschäft. Was hier jedoch gänzlich anders war als bei den bisherigen Fällen, war die Tatsache, dass – bis auf eine Frage zum Ventilator – in keiner Weise die Notwendigkeit des Umfangs der technischen Trocknung in Frage gestellt wurde. Und gerade damit war meiner Meinung nach die ungerechtfertigte Rechnungshöhe zu begründen. Die Trocknungsfirma hatte auf einer zu trocknenden Fläche von 128 m² insgesamt zwölf Kondenstrockner, hiervon vier große Bautrockner, neun Ventilatoren und eine Turbine über einen Zeitraum von 28 Tagen eingesetzt. Ein absolut ungerechtfertigter Aufwand, selbst bei einer massiven Durchfeuchtung der Bausubstanz!

Bei dem in der Gerichtsakte skizzierten Gebäude mit einer Grundfläche von 128 m² hätte einer dieser vier großen Bautrockner ausgereicht, um das gesamte Volumen des Gebäudes technisch zu entfeuchten.

Sofort habe ich Kontakt zu dem zuständigen Richter gesucht, der jedoch auf die Eindeutigkeit des formulierten Beweisbeschlusses hinwies und meinte, meine Einwände in der stattgefundenen Verhandlung geklärt zu haben.

Er hatte recht, die Fragen waren eindeutig formuliert! Hier ein Beispiel:

»Ist ein Tagesmietpreis von 15,– Euro netto (ohne Auf- und Abbau) für einen Kondenstrockner, wie auf dem Foto in der Gerichtsakte ersichtlich, ortsüblich und angemessen? Wenn nein, welcher Preis ist ortsüblich und angemessen? Der Sachverständige soll davon ausgehen, dass das Gerät eine Leistung von 350 Watt hat.«

Ich machte mich also an die Arbeit, holte Vergleichsangebote ein, glich diese mit meinem Erfahrungsschatz ab und erstellte mein Gutachten, doch war ich mir sicher: »Dieser Streit ist noch nicht zu Ende!«

Kaum ein Jahr später, was für einen Gerichtsprozess als äußert schnell angesehen werden kann, bekam ich die Akte vom Oberlandesgericht (OLG) wieder, mit dem wie folgt aufgeführten Beweisbeschluss:

»Es soll Beweis erhoben werden durch die Einholung eines schriftlichen Sachverständigengutachtens zu folgender Beweisfrage:

> »Der Sachverständige wird gebeten, im Anschluss an das Gutachten aus 2008 eine ergänzende schriftliche Begutachtung zur Angemessenheit der Trocknungskosten abzugeben, und zwar unter der Berücksichtigung, dass sämtliche im angefochtenen Urteil aufgeführten Geräte für den Wohnbereich sowie für den Kellerbereich für jeweils etwa einen Monat aufgestellt worden sind.«
>
> Hierzu sollte der Sachverständige Vergleichsangebote einholen und vorlegen, die sich nicht auf jedes einzelne Gerät, sondern auf die zum Einsatz gekommenen Geräte insgesamt und auf die im Leistungserstellungszeitraum (also Anfang 2005) üblichen Angebotspreise beziehen.

Welch enormer Aufwand für diese ungerechtfertigt abgerechnete Anzahl an Geräten betrieben wird, dachte ich, wobei die Streitsumme nur noch wenig über dem vom Landgericht vorgeschlagenen Einigungswert lag und die abgerechneten Einzelgeräte fast alle den orts- und marktüblichen Preisen entsprochen hatten.

Der Anwalt der eingesetzten Trocknungsfirma wusste jedoch genau, dass die eigentliche Problemstellung schon in der Verhandlung in erster Instanz vor dem Landgericht von der Gegenseite hätte vorgebracht werden müssen. Doch nun war es zu spät, da in zweiter Instanz nur dann weitere Angriffs- und Verteidigungsmittel der Parteien zugelassen werden, wenn sie die Voraussetzungen nach § 531 Abs. 2 ZPO erfüllen. Da diese Voraussetzung nach Prüfung des OLG nicht vorlag, hatte der Senat ausschließlich über die Angemessenheit bzw. Üblichkeit der Vergütung zu entscheiden.

Zulässigkeit von Angriffs- und Verteidigungsmitteln

Nach § 520 Abs. 3 ZPO kann die Berufungsbegründung zwar auch neue Angriffs- und Verteidigungsmittel enthalten, wobei dies solche Angriffs- und Verteidigungsmittel (also auch Beweise) sind, die in erster Instanz nicht vorgetragen worden sind.

Diese neuen Angriffs- und Verteidigungsmittel werden in zweiter Instanz aber nur unter den Voraussetzungen des § 531 Abs. 2 ZPO zugelassen. Hier sind drei Gesichtspunkte für die Zulassung geregelt:

1. Sie sind zuzulassen, wenn sie einen Gesichtspunkt betreffen, der vom Gericht des ersten Rechtszuges erkennbar übersehen oder für unerheblich gehalten wurde (also insbesondere, wenn das Berufungsgericht den Fall materiell-rechtlich anders beurteilt als das Gericht erster Instanz).
2. Sie sind zuzulassen, wenn sie infolge eines Verfahrensmangels im ersten Rechtszug nicht geltend gemacht wurden, wobei ein Verfahrensmangel insbesondere eine fehlerhafte Prozessleitung des Gerichts erster Instanz ist.
3. Sie sind letztlich zuzulassen, wenn sie im ersten Rechtszug nicht geltend gemacht worden sind, ohne dass dies auf einer Nachlässigkeit der Parteien beruhte.

Man findet diese Regelungen auch im Internet auf der Seite des Bundesministeriums der Justiz: http://www.gesetze-im-internet.de/zpo/index.html

Meine Aufgabe war somit klar, und ich machte mich erneut an die Arbeit.

Hier meine Feststellungen aus dem Gutachten für das OLG:

»Für die nach dem Urteil des Landgerichtes 2008 insgesamt zweiundzwanzig Geräte, die über einen Zeitraum von 28 Tagen zum Einsatz gekommen sind, haben die angeschriebenen Firmen Angebote in einer Spanne von 5 838,– Euro bis 10 364,– Euro zzgl. MwSt. abgegeben (Rabattgewährungen sind hier berücksichtigt).«

Von den befragten Firmen lagen fünf der insgesamt elf Angebote in der Angebotsspanne zwischen 8 154,– und 8 574,– Euro, zuzüglich Mehrwertsteuer. Dieser »Preiskorridor« stimmt mit den Erfahrungswerten des Unterzeichners überein und ist als ortsüblich für den ermittelten Zeitraum zu bezeichnen.

Die nach oben und unten von dieser Spanne abweichenden Preise sind als »Preisspitzen« zu bewerten und stimmen ebenfalls mit den allgemeinen Erfahrungswerten des Unterzeichners überein.

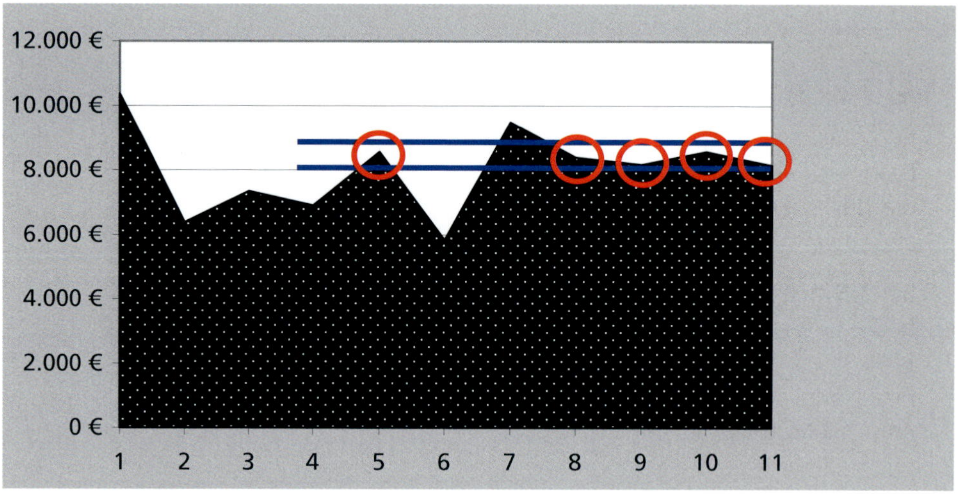

Die blaue Markierung in dem Diagramm zeigt den »Preiskorridor«, in dem die Angebote der fünf Firmen lagen. Auf der x-Achse sind die einzelnen Firmen aufgeführt. Jede Spitze der schwarzen Fläche zeigt das Angebot der einzelnen Firmen. Die Angebote (Spitzen) innerhalb des Preiskorridors sind nochmals rot umrandet.

Die von der Klägerin in Ihrer Rechnung aus 2005 in Ansatz gebrachten Gerätepreise von netto 8970,– Euro liegen demnach 396,– Euro über dem höchsten Anbieter im Preiskorridor mit 8574,– Euro.

In der Verhandlung vor dem OLG, in der ich mein Gutachten erläutern sollte, kam von der Seite des Gebäudeeigentümers bzw. seines Rechtsanwalts eine ganze Menge an Einwänden, jedoch nicht einmal der Gedanke, dass die Anzahl der eingesetzten Geräte überdimensioniert gewesen sein könnte, wobei diese Erkenntnis in dieser Instanz nun nichts mehr gebracht hätte.

Sehr zum Verdruss des Eigentümers folgte das Gericht den Feststellungen meines Gutachtens ohne Einschränkungen und verurteilte ihn zur Zahlung der strittigen Restsumme und der kompletten Verfahrenskosten.

Mit ein wenig Trocknungs-Sachverstand hätte er sich zumindest Letztere, in jedem Fall aber einen Haufen Ärger, ersparen können.

Zusatzgeräte

(Seitenkanal-)Verdichter: Sie werden in der Regel zusammen mit Adsorptionstrocknern eingesetzt, zum Beispiel bei der Trocknung durchnässter Dämmstoffe. Der Verdichter verstärkt den Luftdruck und die Trocknungsluft, die dann auch durch dichte Baustoffe wie Mineralwolle oder Schaumstoff strömt.

Beim Einsatz der Verdichter ist stets darauf zu achten, dass sie nicht mit zu hoher Leistung gefahren werden, da der starke Luftstrom sonst im feuchten Material eine Art trockenen Kanal bildet; das Umfeld trocknet jedoch nicht richtig aus. Deswegen empfiehlt es sich, nach Abschalten der Geräte etwa 15 Minuten zu warten, bevor die Feuchtigkeit abschließend im Baustoff gemessen wird – erst dann hat sie sich wieder gleichmäßig verteilt.

Verdichter verbrauchen sehr viel Strom und benötigen deswegen gelegentlich eine eigene Baustromversorgung. Dabei ist zu beachten, dass die Stromkabelführung zum Gerät nicht zugleich das Eindringen von Außenluft in den Raum ermöglicht (siehe auch Infokasten: »Verdichter«).

Ventilatoren, Windmaschinen und Turbogebläse: Sie werden häufig in Kombination mit Kondens- oder Adsorptionstrocknern eingesetzt. Sie erhöhen die Luftumwälzung und empfehlen sich vor allem bei verwinkelten, mit Inventar bestückten Räumen, etwa bei vollgestellten Lager- oder Kellerräumen.

Durch die verstärkte Luftzirkulation wird die Feuchtigkeit von der trockenen Luft schneller aufgenommen – vorausgesetzt, der Raum wird permanent gut gelüftet. Daher werden Ventilatoren und Gebläsegeräte gelegentlich auch ohne zusätzliche Entfeuchtungsgeräte zur Unterstützung vegetativer Trocknung eingesetzt. Dann trocknet der wassergeschädigte Baustoff genauso leicht an der Luft wie die Haare beim Fönen.

Wasserabscheider werden fast ausschließlich bei der Estrichdämmschicht-Trocknung von komplett durchnässten Dämmungen eingesetzt. Dazu wird im Saug- oder Unterdruckverfahren Luft durch den Estrich gezogen und das Wasser somit abgesaugt. Das Wasser wird durch den Wasserabscheider herausgefiltert und in ein Fass abgeführt. Dieses Fass muss regelmäßig geleert werden, was bei manchen Fabrikaten auch automatisch durch eine Pumpvorrichtung geschieht.

Beim Einsatz von Wasserabscheidern ist besonders darauf zu achten, dass die angeschlossenen Verdichter für die zu trocknende Gesamtfläche noch ausreichend sind. Die Verdichter verlieren ca. 20 % ihrer Flächenleistung, so dass eine Überdimensionierung der Verdichter nötig ist, um diesen Verlust auszugleichen.

Zu beachten ist auch, dass die Verdichter auf sachgerechte Art und Weise an den Wasserabscheider angeschlossen werden. Je nach Baustellensituation und/oder Bauteilkonstruktion sind die Verdichter entweder in Parallelschaltung oder in Reihenschaltung an den Wasserabscheider anzuschließen. Hierbei kommt es in der Praxis häufig zu Fehlern, so dass sich Verdichter gegenseitig behindern und die Trocknungsleistung herabgesetzt wird.

3.4 Will da etwa jemand mit dem Wasserschaden Geld schinden?

In einem vergleichbaren Fall wurde ich ebenfalls als Gutachter hinzugezogen. Wieder stand ein Trocknungsbetrieb unter Verdacht, zu überhöhten Preisen und zu unüblichen Konditionen abgerechnet zu haben. Wieder galt die erste Frage den üblichen Tagesmieten von Geräten ohne Mehrwertsteuer und ohne Auf- und Abbau.

Luftentfeuchter werden branchenüblich zwischen 6,– und 12,– Euro angesetzt. Der Fachbetrieb hatte 7,14 Euro berechnet, also einen eher niedrigen üblichen Preis.

Verdichter werden branchenüblich zu einem Preis zwischen 8,– und 13,– Euro pro Tag vermietet, der Fachbetrieb lag mit 9,28 Euro also im unteren Bereich.

Lohnstunden werden branchenüblich zwischen 40,– und 48,– Euro je Stunde berechnet. Der Fachbetrieb hatte 43,– Euro angesetzt und war erneut im unteren Bereich geblieben.

Auch die angesetzten Nebenleistungen (Kernbohrungen und Feuchtemessungen) waren in ihrer Höhe als markt- und ortsüblich anzusehen.

Der klagende Auftraggeber empfand die Tatsache als unrechtmäßig, dass der Fachbetrieb die Geräte nach Kalendertagen und nicht nach Quadratmetern berechnet hatte. Er hielt stattdessen eine flächenbezogene Berechnung mit einer Mindestgerätelaufzeit von 20 Stunden am Tag für üblich. Zu Unrecht!

In jedem Fall gibt es nämlich beide Möglichkeiten: sowohl eine Abrechnung nach Kalendertagen als auch eine nach Quadratmetern zu trocknender Fläche. Beide Varianten sind marktüblich. Man muss sich bloß vertraglich auf eine der beiden Regelung einigen.

Die Abrechnung nach Quadratmeterpreis hat den Vorteil einer Pauschale, die unabhängig davon ist, wie lange die Trocknung insgesamt dauert. Der Auftraggeber weiß also von Anfang an, welche Kosten ihn erwarten. Das Preisrisiko liegt in dieser Regelung allein beim Trocknungsbetrieb. Damit er zum Schluss nicht draufzahlt, wird er deswegen aber eher eine hohe Pauschale ansetzen. Deswegen ist es für den Auftraggeber eventuell günstiger, eine aufwandsbezogene, also tageweise Abrechnung zu vereinbaren.

Sollte aber eine vertragliche Vereinbarung über Quadratmeterpreise geschlossen werden, ist es durchaus denkbar, eine Mindestlaufzeit der Geräte von 20 Stunden am Tag festzulegen. Auf diese Weise kann der ausführende Trocknungsbetrieb das durch die Festpreisvereinbarung auf ihm lastende Laufzeitrisiko begrenzen, denn je weniger Stunden pro Tag getrocknet wird, desto mehr Tage müssen die Trocknungsgeräte vor Ort im Einsatz bleiben und die Kalkulation für den Festpreis schmilzt dahin. Das allerdings ist kein übliches, sondern ein Abkommen im Einzelfall. In den meisten mir bekannten Verträgen mit Quadratmeterfestpreisen ist eine Mindestlaufzeit pro Tag nicht ausdrücklich vereinbart.

Trotzdem sollten sich beide Parteien idealerweise im Vorfeld Klarheit über die tägliche Laufzeit der Trocknungsgeräte verschaffen. Können die Geräte nämlich aus irgendwelchen Gründen, zum Beispiel aufgrund von Betriebszeiten oder Nachtruhe, nicht – wie eigentlich sinnvoll – rund um die Uhr laufen, verlängert sich, technisch bedingt, entsprechend die Laufzeit der Trocknung.

Geräuschbelästigung durch Trocknungsgeräte

Immer wieder ist die von Trocknungsgeräten verursachte Geräuschbelästigung Anlass für Beschwerden und sogar gerichtliche Klagen. Tatsächlich hat das Amtsgericht Berlin-Schöneberg im Oktober 2008 entschieden, dass die Mietzahlung unter Umständen um 100 Prozent gekürzt, also gänzlich verweigert werden darf.

In jenem Fall waren bei Sanierungsarbeiten zwei Trocknungsgeräte annähernd drei Wochen in einer Wohnung täglich von 6 bis 22 Uhr gelaufen. Der Geräuschpegel lag bei 50 Dezibel. Das ist ein durchaus üblicher Wert. Moderne Trockner verursachen im Abstand von 2,0 bis 3,0 m eine Geräuschentwicklung von etwa 55 bis 60 dB (zum Vergleich: Die menschliche Stimme erreicht im Gespräch etwa 30 bis 60 dB, Musik reicht von 25 bis 90 dB). Eine Schalldämmung der Anlagen ist technisch nur bei Verdichtern mit Schalldämpfer vorgesehen. Es ist also kreative Selbsthilfe gefragt – ein Auspufftopf eines Opel Manta oder eines anderen Fabrikats kann erfahrungsgemäß gute Dienste leisten …! Eine Alternative wäre es, die Geräte auszulagern oder im Innenraum bewusst kleinere und leisere Modelle einzusetzen, wodurch sich dann allerdings die Trocknungszeit verlängert oder die Kosten erhöhen.

3.5 Zu viele Geräte verderben die Preise?

Unabhängig von den Einzelpreisen der Geräte und Arbeitsstunden hatte ein Auftraggeber den Eindruck, der Trocknungsbetrieb habe überhöhte Forderungen gestellt, kurz: Leistungen berechnet, die gar nicht oder nicht in diesem Umfang nötig gewesen wären.

Worum ging es überhaupt? Im betroffenen Haus hatte sich freies Wasser in der Trittschalldämmung und auf der Bodenoberfläche über eine Fläche von etwa 58 m^2 im Dachgeschoss und etwa 54 m^2 im Erdgeschoss verteilt und den Estrich vollständig durchfeuchtet. Die dafür notwendige Trocknungszeit hätte nach meiner Schätzung zwischen 21 und 28 Tagen liegen dürfen – vorausgesetzt, dass die Geräte 24 Stunden am Tag durchgelaufen wären. Nun gaben beide Parteien an, dass die Geräte oft außer Betrieb genommen wurden. Die durchschnittliche Laufzeit der meisten Geräte von mehr als 30 Tagen scheint damit ausreichend begründet. Der erhebliche Schadensumfang rechtfertigt auch die Anzahl von 18 Lohnstunden und die über die Zeit der gesamten Trocknung durchgeführten vier Feuchtigkeitsmessungen. Mit diesen fachgerechten Messungen ist jeweils ein Besuch der Baustelle verbunden. Abhängig von Schaden und Baugröße können bis zu 100 oder mehr Einzelmessungen erforderlich werden. Im vorliegenden Fall sind vier Baustellenbesuche mit jeweils ca. 40 Einzelmessungen durchgeführt worden.

Laut Rechnung sind vier Luftentfeuchter (Kondenstrockner) gleicher Marke zum Einsatz gebracht worden.

Nach Herstellerangaben hat jedes dieser Geräte eine Luftstromleistung von 600 m^3 pro Stunde. Bei einem nötigen 2,5-fachen Luftwechsel pro Stunde ist solch ein Gerät demnach für ein Raumvolumen von maximal 240 m^3 ausgerichtet [(600 m^3/h)/(2,5/h) = 240 m^3]. In dem Gebäude war eine Estrichfläche von insgesamt 112 m^2 zu trocknen, was bei einer Raumhöhe von 2,50 m einem Volumen von 280 m^3 entspricht (112 $m^2 \times 2{,}50$ m = 280 m^3). In der Tat hätte es demnach theoretisch ausgereicht, 1,16 – sprich: zwei Geräte – einzusetzen (280 m^3 / 240 m^3 = 1,16).

Bei einem erheblichen Schadensumfang wie in diesem Falle ist es technisch jedoch sinnvoll, einen höheren Luftwechsel zu erreichen, um die Trocknung zu beschleunigen und die Laufzeit zu verkürzen, was den Einsatz von ein bis zwei weiteren Geräten über rund eine Woche durchaus rechtfertigt.

Obendrein wurden die Trocknungsgeräte ja zeitweise abgeschaltet, was zu einem Erhöhen und Angleichen der Raumfeuchtigkeit führte. Außerdem war die Bausubstanz unterschiedlich stark durchfeuchtet, sodass partiell eine direkte Trocknungsleistung mit Einzelgeräten nötig war. Und die Fläche erstreckte sich nicht nur über getrennte Räume, sondern sogar über zwei Etagen mit unterschiedlichem Raumklima. Insofern war der Einsatz eines dritten und vierten Geräts auch über den weiteren Trocknungszeitraum mehr als angebracht.

Außerdem kamen vier Seitenkanalverdichter zum Einsatz, mit denen der Prozessluftstrom unterhalb des schwimmenden Estrichs hergestellt wurde. Nach Herstellerangaben war ein Gerät für eine Raumgröße von etwa 30 m^2 einsetzbar. Bei einer Gesamtfläche von etwa 112 m^2 war also schon rechnerisch der Einsatz von vier Geräten erforderlich (112 m^2 / 30 m^2 = 3,73 = ca. 4 Geräte).

Dass der Hauseigentümer nun behauptete, ein Konkurrenzunternehmen würde für den gleichen Aufwand maximal 2 300,– Euro inklusive Mehrwertsteuer berechnen, war extrem gewagt. Die vom Trocknungsbetrieb geforderte Rechnungssumme von 3 427,20 Euro inklusive Mehrwertsteuer war für die erforderliche und erbrachte Leistung jedenfalls nicht nur sehr realistisch, sondern lag im unteren Preissegment.

Fazit

- Nicht alle Trocknungsbetriebe handeln betrügerisch. Viele machen gute, fachkundige und preiswerte Arbeit.
- Der Einsatz mehrerer, eventuell auch verschiedener Trocknungsgeräte ist manchmal durchaus sinnvoll.
- Trocknungsgeräte haben orts- und branchenübliche Mietpreise, die von Fall zu Fall gerichtlich beziehungsweise durch Sachverständige ermittelt werden müssen. Privatpersonen und Immobilieneigentümer können bei der regionalen Handwerkskammer in gewissem Rahmen sicher auch Preisauskünfte einholen.
- Bevor man vor Gericht zieht, sollte man sich erst einmal schlau machen.

3.6 Wenn das Duschwasser »über die Ufer tritt« Wasserrohrbruch oder defekte Duschtasse? Kleiner Irrtum – oder Betrug?

Nicht immer sind es die Trocknungsbetriebe, die in einem Streit nach einem Wasserschadensfall unter Verdacht geraten. Manchmal sind es auch die Geschädigten selbst. Wie in dem Fall einer Hauseigentümerin, die ihren Wasserschaden im Badezimmer fachgerecht trocknen ließ und den Schaden anschließend bei der Versicherung geltend machen wollte. Doch statt des guten Geldes bekam die Hauseigentümerin böse Worte: Betrug! Arglistige Täuschung! Aufbauschen des Schadenvolumens! So lauteten die Vorwürfe, denen sie sich plötzlich ausgesetzt sah.

Was war geschehen? Das Haus war nicht mehr das jüngste, und auch die sanitären Anlagen hatten schon ihre Haltbarkeitsgrenze erreicht. So kam es, dass eines Tages der Rohranschluss unterhalb der Duschtasse Risse bekam und das Abwasser ungehindert austreten konnte, um sich danach unbemerkt über die freien Randfugen in der Trittschalldämmung unter dem Estrich zu verteilen. Betroffen waren Flur, Arbeits- und Ankleidezimmer.

Der Schaden fiel erst auf, als sich in der unmittelbar unter dem Bad liegenden Küche die Raufasertapete löste und die Wand sichtlich nass war. Das wahre Schadensausmaß war zu diesem Zeitpunkt immer noch nicht ersichtlich, da genau an dieser Stelle ein zwei Meter hohes Küchenelement stand. Als man nun aber der Ursache nachging, entdeckte man, dass sich die Feuchtigkeit auch schon in den Wänden des Arbeits- sowie des Ankleidezimmers ausgebreitet hatte. Dies war zunächst nicht aufgefallen, weil der Wandputz direkt mit Latexfarbe gestrichen worden war. Da Latex wasserdicht ist, gelangte die Feuchtigkeit in der Wand nicht an die Oberfläche. Sie wurde erst erkennbar, als die Möbel abgerückt und die Farbe entfernt wurden.

Doch nicht nur die Wände waren betroffen. Die Hauseigentümerin entdeckte auch Schimmelpilze an der Decke im Erdgeschoss. Die Decken im gesamten Haus waren mit Holzpaneelen verkleidet. In dem Hohlraum zwischen Decke und Paneelen hatte sich organischer Befall gebildet. Für die Eigentümerin eine weitere Folge des Wasserschadens im Obergeschoss. Doch genau das nahm ihr die Versicherung nicht mehr ab. Der Schaden war groß genug, keine Frage; aber dass das Wasser nicht nur die Wände aufgestiegen beziehungsweise in die Küchenwände abgesickert sein, sondern auch den Betonboden durchdrungen haben sollte, schien dem Versicherer nicht mehr glaubhaft – was grundsätzlich richtig ist, da Wasser in flüssiger Form Beton nicht durchdringen kann. Die Versicherung unterstellte der Hauseigentümerin, sie wolle den Schadensfall nutzen, um weitergehende Sanierungen des Hauses, die damit gar nichts zu tun hatten, abzurechnen. Ein harter Vorwurf, den sich die Hauseigentümerin nicht gefallen lassen wollte.

Sollte sie, außer dem Rohrriss unter der Duschtasse, am Ende selbst einen »Sprung in der Tasse« haben? Und wenn der Schimmelpilz tatsächlich nicht auf den

Wasserschaden zurückzuführen war, handelte es sich bei ihrer dann fehlerhaften Angabe um einen kleinen Irrtum oder um krassen Betrug? Kurz: War es wirklich undenkbar, dass der Wasserschaden im Bad des Obergeschosses zu Feuchtigkeit im Hohlraum über den Deckenpaneelen geführt hatte?

Um das zu beantworten, bedurfte es für mich in diesem Fall noch nicht einmal einer Ortsbegehung. Schließlich handelte es sich ja um eine theoretische Frage. Und grundsätzlich lässt sich sagen, dass Wasser die sonderlichsten Wege findet und somit auch an abwegigsten Orten in Erscheinung tritt. Man kann eigentlich nie von vornherein ausschließen, dass die an einem Ort festgestellte Feuchtigkeit nicht doch durch einen Wasserschaden an einem anderen Ort hervorgerufen wurde. Hier spielen die baulichen Gegebenheiten (Konstruktion, Material oder Ähnliches) immer eine entscheidende Rolle.

In diesem Fall war die Lage jedoch weitaus klarer: Das Wasser war über die Randfugen in die Trittschalldämmung gelaufen und hat sich unbemerkt auf den Deckenplatten verteilen können. Das hatten auch die Feuchtigkeitsmessungen des Trocknungsbetriebs bestätigt, die sich anhand eines aussagekräftigen Messprotokolls detailliert nachvollziehen ließen. Ein solcher (beispielhafter) Messbericht ist auf den folgenden Seiten abgebildet.

Da Wasser in flüssiger Form abgebundenen Beton nicht durchdringen kann (als Dampf, je nach Betonart, dagegen schon!), hatte die Deckenplatte ein weiteres Durchsickern des Wassers prinzipiell verhindert. Doch auch die starke Feuchtigkeit an der Küchenwand muss ihren Weg über Solldurchbrüche für Rohrleitungen in der Deckenplatte und/oder über die Randfuge, also die Auflagerung der Deckenplatte auf der Wand, gefunden haben. Dabei musste die Feuchtigkeit in jedem Fall durch den Hohlraum der abgehängten Decke gelangt sein, zumindest grenzt der Verlaufsweg des Wassers an den Hohlraum.

Messbericht-Deckblatt

I. Allgemeine Angaben:

Baustelle/Objekt: Frank Wasser, Nasse Kurve 22, 03185 Teichland

Auftraggeber: Frank Wasser, Nasse Kurve 22, 03185 Teichland

Auftr.-Nr.: 08154711 Datum: 04.04.08 Techniker: Meier

II. Anlage 1:

Position: (A)

A. Estrichtrocknung ☒ ⇨Art des Estrichs: - Zementestrich (CT) ☒ - Calciumsulfatestrich (CA) ☐
B. Wandtrocknung ☐ - Gussasphaltestrich (AS) ☐ - Magnesiaestrich (MA) ☐
C. Raumtrocknung ☐
D. Schachttrocknung ☐ Art der Dämmung: Schaumstoff (Styropor)
E. Bautrocknung ☐
F. Holzbalkendecke ☐ Stärke des Bodenaufbaus: - Belag / cm Sonstiges: ______
G. Lagerholzdecke ☐
H. Flachdachtrocknung ☐ - Estrich 6 cm
I. Hohlraumtrocknung ☐ - Dämmung 8 cm

III. Anlage 2:

Position: (B)

A. Estrichtrocknung ☐ ⇨Art des Estrichs: - Zementestrich (CT) ☐ - Calciumsulfatestrich (CA) ☐
B. Wandtrocknung ☐ - Gussasphaltestrich (AS) ☐ - Magnesiaestrich (MA) ☐
C. Raumtrocknung ☐
D. Schachttrocknung ☒ Art der Dämmung: Mineralwolle
E. Bautrocknung ☐
F. Holzbalkendecke ☐ Stärke des Bodenaufbaus: - Belag ____ cm Sonstiges: ______
G. Lagerholzdecke ☐
H. Flachdachtrocknung ☐ - Estrich ____ cm
I. Hohlraumtrocknung ☐ - Dämmung ____ cm

IV. Anlage 3:

Position: ______

A. Estrichtrocknung ☐ ⇨Art des Estrichs: - Zementestrich (CT) ☐ - Calciumsulfatestrich (CA) ☐
B. Wandtrocknung ☐ - Gussasphaltestrich (AS) ☐ - Magnesiaestrich (MA) ☐
C. Raumtrocknung ☐
D. Schachttrocknung ☐ Art der Dämmung: ______
E. Bautrocknung ☐
F. Holzbalkendecke ☐ Stärke des Bodenaufbaus: - Belag ____ cm Sonstiges: ______
G. Lagerholzdecke ☐
H. Flachdachtrocknung ☐ - Estrich ____ cm
I. Hohlraumtrocknung ☐ - Dämmung ____ cm

V. Erläuterungen und Messpunkteskizze

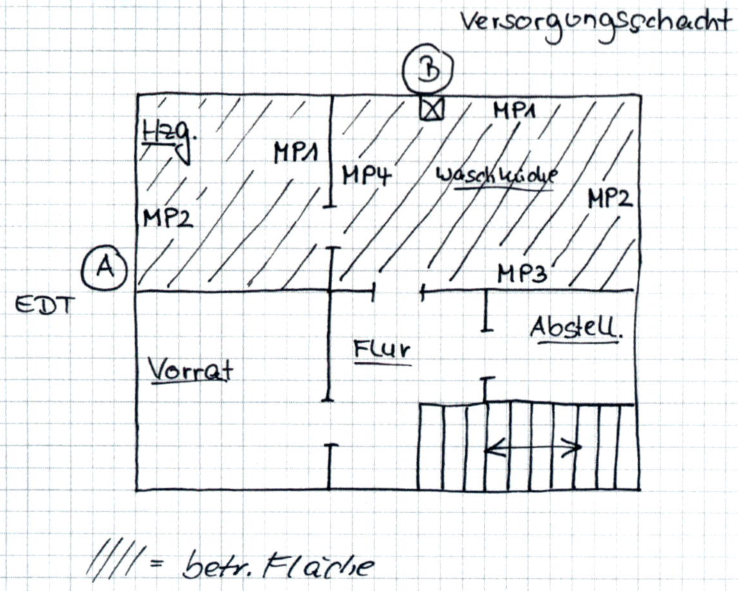

04.04.08 Meier
(Datum / Stempel / Unterschrift)

Messbericht-Nr.: 1

I. Allgemeine Angaben:

Baustelle/Objekt: Frank Wasser, Nasse Kurve 22, 03185 Teichland

Auftraggeber: Frank Wasser, Nasse Kurve 22, 03185 Teichland

Auftr.-Nr.: 08154711 Datum: 04.04.08 Techniker: Meier

Messgerät: Gann RTU600 Besonderheiten:

Schadenstelle im Schacht in der Waschküche

☐ Messung Schadensaufnahme ☒ Aufbaumessung ☐ Zwischenmessung ☐ Abschlussmessung

II. Materialmessung:

Messverfahren: ☒ elektr. Widerstand ☒ kapazitiv ☐ IR-Oberfläche ☐ Mikrowelle

Etage	Raum	MP lt. Skizze	Materialbeschreibung	Digit / ~~%~~	Messkopf/Elektrode
KG	Waschküche	1	Randfuge	70	Flachelektr.
"	"	2	"	65	"
"	"	3	"	72	"
"	"	4	"	66	"
KG	Heizung	1	Randfuge	59	Flachelektr.
"	"	2	"	54	"
* KG.	Waschküche u. Hzg.	1–15	KS-Stein	85–140	Kugel B60

III. Prozessluftwerte an Austrittsöffnungen:

MP	°C	%rH	g/kg	MP	°C	%rH	g/kg	MP	°C	%rH	g/kg
1				7				13			
2				8				14			
3				9				15			
4				10				16			
5				11				17			
6				12				18			

IV. Messung Anlage 1:

- [x] Vakuumverfahren (Saugverfahren)
- [ ] Überdruckverfahren (Druckverfahren)
- [ ] Saug-/Druckverfahren

- [ ] freies Wasser
- [ ] Wasserabscheider

- [ ] Adsorption
- [x] Kondensation
- [ ] Infrarot
- [ ] E-Heizgerät
- [ ] Ventilator
- [ ] Mikrowelle

- [x] 5 cm Bohrungen
- [ ] 2,5 cm Bohrungen
- [ ] Randfugen
- [ ] Luftkissen (Folie)
- [ ] Unterflurmontage

Raumluft: 17 °C / 68 %rH = 8,2 g/kg   Prozessluft mit: 6V210   16 °C / 95 %rH = 10,8 g/kg

Trockenluft mit: GKK710   30 °C / 25 %rH = 6,6 g/kg   bedient auch [x] Anlage 2 [ ] Anlage 3

Änderung der Anlagentechnik [ ] vor Erstellung [ ] nach Erstellung diesen Messberichtes!

Anmerkungen: Estrichdämmschichttrockung in Waschküche

V. Messung Anlage 2:

- [x] Vakuumverfahren (Saugverfahren)
- [ ] Überdruckverfahren (Druckverfahren)
- [ ] Saug-/Druckverfahren

- [ ] freies Wasser
- [ ] Wasserabscheider

- [ ] Adsorption
- [x] Kondensation
- [ ] Infrarot
- [ ] E-Heizgerät
- [ ] Ventilator
- [ ] Mikrowelle

- [ ] 5 cm Bohrungen
- [x] 2,5 cm Bohrungen
- [ ] Randfugen
- [ ] Luftkissen (Folie)
- [ ] Unterflurmontage

Raumluft: 17 °C / 68 %rH = 8,2 g/kg   Prozessluft mit: 6V80   17 °C / 85 %rH = 10,3 g/kg

Trockenluft mit: GKK710   30 °C / 25 %rH = 6,6 g/kg   bedient auch [x] Anlage 1 [ ] Anlage 3

Änderung der Anlagentechnik [ ] vor Erstellung [ ] nach Erstellung diesen Messberichtes!

Anmerkungen: Schachttrocknung in Waschküche

VI. Messung Anlage 3:

- [ ] Vakuumverfahren (Saugverfahren)
- [ ] Überdruckverfahren (Druckverfahren)
- [ ] Saug-/Druckverfahren

- [ ] freies Wasser
- [ ] Wasserabscheider

- [ ] Adsorption
- [ ] Kondensation
- [ ] Infrarot
- [ ] E-Heizgerät
- [ ] Ventilator
- [ ] Mikrowelle

- [ ] 5 cm Bohrungen
- [ ] 2,5 cm Bohrungen
- [ ] Randfugen
- [ ] Luftkissen (Folie)
- [ ] Unterflurmontage

Raumluft: ____ °C / ____ %rH = ______ g/kg   Prozessluft mit: ____________ ____ °C / ____ %rH = ______ g/kg

Trockenluft mit: ______________ ____ °C / ____ %rH = ______ g/kg   bedient auch [ ] Anlage 1 [ ] Anlage 2

Änderung der Anlagentechnik [ ] vor Erstellung [ ] nach Erstellung diesen Messberichtes!

Anmerkungen: ______________________________

04.04.08 Meier
(Datum / Stempel / Unterschrift)

Anmerkung: Im Messbericht wird neben der Lufttemperatur (in °C) und dem Wassergehalt (in g/kg) jeweils auch die relative Luftfeuchtigkeit vermerkt. Die hierbei verwendete Einheit »% rH« (rH = »relative humidity«) entspricht der deutschen Bezeichnung »% rF«.

Mollier-hx-Diagramm

Wichtigstes Arbeitsmittel für den Trocknungstechniker ist das nach dem Physiker Richard Mollier benannte »Mollier-hx-Diagramm«. Damit lässt sich die Veränderung feuchter Luft durch Be- oder Entfeuchtung, Erwärmung oder Kühlung ermitteln. Das Mollier-hx-Diagramm gilt in der Regel für einen Luftdruck von 1000 Millibar. Unter anderem lassen sich auf dieser Grafik die Zusammenhänge von Temperatur und Luftfeuchtigkeit ablesen:

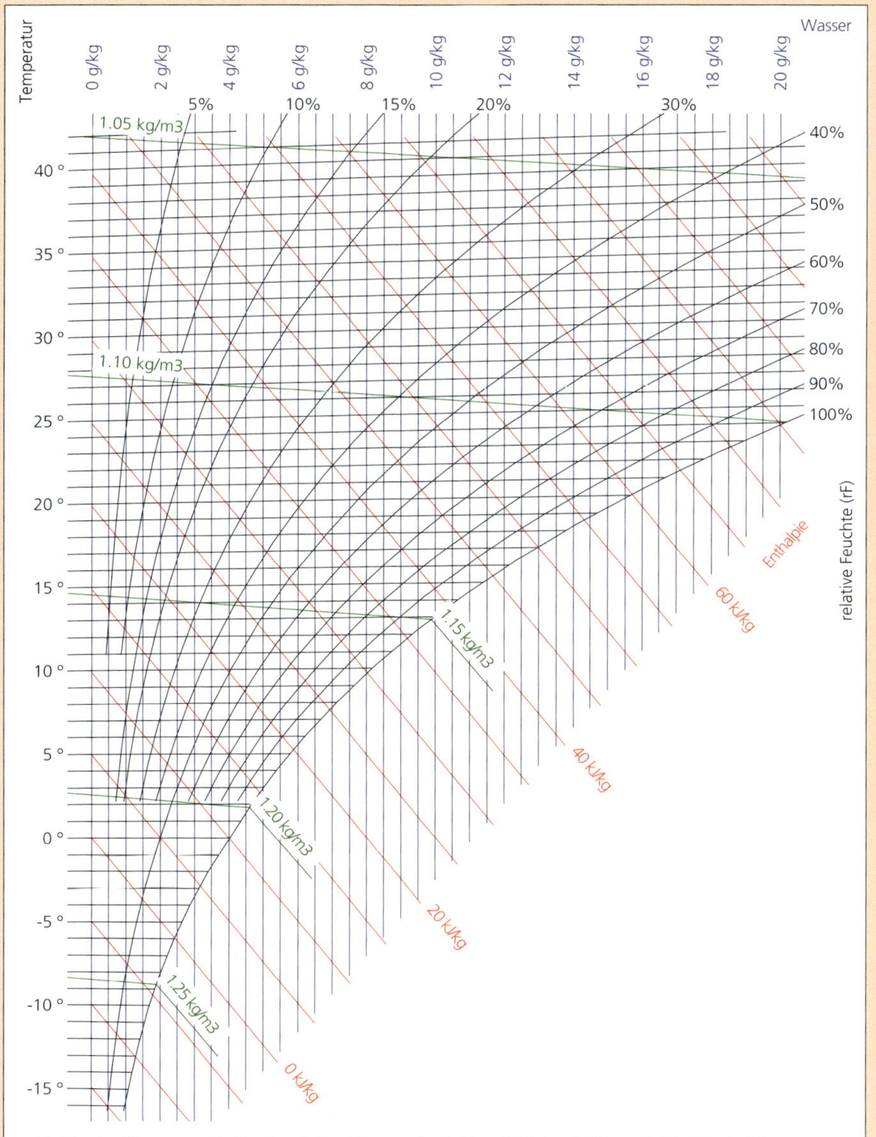

Mollier-hx-Diagramm für feuchte Luft – [Bezugsdruck hier: 0,95 bar (537 m; 10 °C; 80 % rF)]

Auf der x-Achse ist die Wassermenge in Gramm pro Kilogramm trockene Luft (g/kg) angegeben, auf der y-Achse die Temperatur (°C). Die Kurven zeigen die relative Luftfeuchtigkeit (ϕ), die sich je nach Temperatur beziehungsweise Wassergehalt verändert.

Zwar waren die Decken-Paneele nicht stark aufgequollen, was vermutlich zu einem Aufbrechen der Deckenverkleidung geführt hätte und mit bloßem Auge erkennbar gewesen wäre. Trotzdem war es angesichts der angrenzenden durchfeuchteten Wand nicht auszuschließen, dass sich in dem geringen Hohlraum zwischen Betondeckenplatte und Paneelen sehr schnell eine relative Luftfeuchte von 70 % oder mehr eingestellt hatte. Und ein solcher Anstieg hätte bei einer durchschnittlichen Raumtemperatur von +20 °C ausgereicht, um in dem Hohlraum ein organisches Wachstum (Schimmelpilze und Ähnliches) zu verursachen. Auch ein leichter Quellschaden war denkbar, der die tragende Konstruktion nicht beeinträchtigt hat und deswegen nicht sofort erkennbar war.

Holzfeuchte

Holz schwimmt. Das lernt jedes Kind, wenn es ein Holzscheit in den See wirft. Und für Hunde ist es ein beliebtes Spiel, einen Stock aus dem Wasser herauszufischen, den Herrchen geworfen hat. Doch welches Trauerspiel, wenn der Stock plötzlich untergeht! Holz schwimmt nämlich nur, solange es halbwegs trocken ist. Sobald es sich mit Wasser vollgesogen hat, geht es unter. Wie leicht Holz Wasser aufsaugt, hat jeder schon erlebt: Da lässt sich die Schublade, die im Januar noch locker aus der Lade kam, im Juli plötzlich nur mit Kraft herausziehen – und im Winter funktioniert sie wieder spielend leicht. Holz schwindet und quillt – je nach Umgebungsfeuchte.

Holz im lebenden Baum ist nass. Um es im Bau einzusetzen, wird es deswegen getrocknet – und zwar möglichst genau auf den Feuchtegehalt, bei dem sich ein Gleichgewicht zur Umgebungsluftfeuchte am späteren Verwendungsort einstellt. Ändert sich die Luftfeuchtigkeit in der Umgebung, passt das Holz sich an – es trocknet und verringert sein Volumen, oder es nimmt Feuchtigkeit auf und quillt.

Der Holzfeuchtegehalt (Kurzzeichen: u) ist nach DIN 52183 und ISO 3130 definiert als das Verhältnis der Masse des Wassers in einem gegebenen Stück Holz zur Masse des vollständig getrockneten Holzes und wird traditionsgemäß als prozentuale Holzfeuchte angegeben.

Beispiel: Ein Stück Holz wiegt 50 Gramm. Nach dem Trocknen wiegt es nur noch 40 Gramm, es enthielt also 10 Gramm Wasser. Der Holzfeuchtegehalt lag bei 25 Masse-Prozent [$u = (50\ g - 40\ g)/40\ g \times 100\,\% = 25\,\%$]. Wiegt es nach dem Trocknen nur noch 20 Gramm, hatte es einen Feuchtegehalt von 150 Masse-Prozent [$u = (50\ g - 20\ g)/20\ g \times 100\,\% = 150\,\%$].

Wenn der Baum gefällt wurde, sind seine Zellhohlräume mit freiem Wasser und seine Zellwände mit gebundenem Wasser gefüllt. Der gelagerte Baum gibt zuerst das freie Wasser aus den Zellhohlräumen ab. Ist das Wasser aus den Zellhohlräumen vollständig abgegeben, das Wasser in den Zellwänden jedoch noch vorhanden (Zellwände sind noch gesättigt), spricht man vom »Fasersättigungspunkt« (bei ca. 30 Masse-Prozent, je nach Holzart). Im weiteren zeitlichen Verlauf geben die Zellwände das gebundene Wasser ab, bis die Holzfeuchte erreicht ist, die dem Umgebungsklima entspricht. Holz passt sich immer der herrschenden Luftfeuchte an und verändert sein Volumen, es »arbeitet«.

Beim Trocknen sollte man unbedingt beachten, dass durch Übertrocknung Schäden möglich sind!

Tischlerholz wird mit einer Feuchte von 8 bis 12 Masse-Prozent eingebaut, ist also bei diesem Wert als »trocken« anzusehen. Bauholz hat eine »Verarbeitungsfeuchte« von 12 bis 18 Masse-Prozent. Bauholz mit einer Holzfeuchte von mehr als 18 Masse-Prozent ist selbst für den Bau von Schalungen etc. zu feucht.

Bei Harthölzern wie Mahagoni und Eibenzypresse ist der Fasersättigungspunkt bereits bei 22 bis 24 Masse-Prozent erreicht, bei Weichhölzern wie Birke liegt der Fasersättigungspunkt bei 35 Masse-Prozent oder darüber.

Nicht nur die Luftfeuchte, sondern auch die Gleichgewichtsholzfeuchte ist temperaturabhängig. Die Gleichgewichtsfeuchte nimmt ab, wenn die Temperatur erhöht wird.

Um Hölzer in Innenräumen mit schwankenden Temperaturen und schwankender Luftfeuchtigkeit einsetzen zu können, werden sie in Trockenkammern auf einen Holzfeuchtegehalt von etwa 9 bis 10 Masse-Prozent heruntergetrocknet (kammergetrocknetes Tischlerholz). Bei Bauholz, das im Außenbereich zum Einsatz kommen soll, genügt eine Feuchte von etwa 18 Masse-Prozent. Bei bestimmten Hölzern liegt der Feuchtegehalt während der Nutzung also nur wenig unterhalb ihrer Fasersättigungsgrenze. Sie werden manchmal nur getrocknet, um das Transportgewicht zu verringern oder um einen Befall durch holzzerstörende Pilze, Schimmelpilze oder andere Organismen zu verhindern.

Von einem Feuchtigkeitsschaden im Deckenhohlraum, der auf den Wasserschaden zurückzuführen war, musste also in jedem Fall ausgegangen werden. Es war nur noch das Ausmaß zu prüfen. Wären die Paneele leicht oder stark aufgequollen, wäre ein Austausch der Verkleidung unausweichlich. Handelte es sich dagegen ausschließlich um organischen Befall, wären eventuell eine technische Trocknung und ein Entfernen des mikrobiologischen Befalls auf den Bauteilen notwendig.

Fazit:

- Bevor eine Versicherung ihre Kunden des Betrugs bezichtigt, sollte sie sich wenigstens theoretisch kundig machen.
- Wasser findet immer einen Weg.
- Holz ist hygrostatisch und passt sich der umgebenden Luftfeuchtigkeit an. Auch ohne direkten Wasserkontakt kann Holz feucht werden.

3.7 Wenn im Kindergarten nicht nur die Kinder gedeihen

Schimmelpilz-Sporen hinter der Geschirrspülmaschine – was ist hier undicht?

Kinder machen Spaß, aber leider bisweilen auch Schmutz. Und sie kriegen früher oder später alle Krankheiten, die Kinder nun mal so haben. In einem Kindergarten ist deswegen Hygiene eine der zentralen Aufgaben. Täglich werden sämtliche Räume geputzt, alle Kinder müssen vor und nach dem Essen die Hände waschen und die Geschirrspülmaschine läuft mindestens zweimal. Umso schlimmer, als sich in einem neu gebauten Kindergarten mit etwa 100 Mädchen und Jungen plötzlich ein unangenehmer, muffiger Geruch bemerkbar machte, der seinen Ursprung irgendwo zwischen Kartoffelkeller und Hundehütte hatte und der sich selbst mit dem besten Putzmittel partout nicht aus den Räumen entfernen ließ.

Der starke Geruch in allen Bereichen deutete darauf hin, dass irgendwo unter dem Bodenbelag Feuchtigkeit vorhanden war und sich Schimmelpilze oder anderer organischer Befall gebildet hatte. Vielleicht ein Leitungsschaden oder ein Wasserrohrbruch? Oder konnte es sein, dass ein alter Schaden hier Spätfolgen zeigte?

Etwa ein halbes Jahr zuvor war nämlich die Geschirrspülmaschine defekt gewesen. Aus einem porösen Schlauch waren, vermutlich über einen längeren Zeitraum, größere Mengen Frischwasser unbemerkt ins Gebäude geflossen. Als der Schaden auffiel, hatte sich die Feuchtigkeit schon unterhalb von Linoleum und Bodenfliesen großflächig in der Bodendämmung verteilt. Es waren ein Trocknungsunternehmen gerufen, Feuchtemessungen angestellt und in Küche mit angrenzendem Eingangsbereich, Abstellraum, Turnhalle und Geräteraum Trocknungsarbeiten durchgeführt worden. Eigentlich schien alles repariert. Oder doch nicht?

Die Kindergartenleiterin war überzeugt, dass ein größerer Schaden vorliegen müsse: Wie sollte eine so kleine Spülmaschine, die gerade mal für das Geschirr einer einzigen Kindergarten-Mahlzeit ausreichte, so viel Wasser ausgestoßen haben? Außerdem: Der Schaden war vor Monaten getrocknet worden. Warum roch es dann erst jetzt?

Der Boden wurde zunächst vorsichtig an den gesetzten Prozessluftöffnungen der Trocknungstechniker begutachtet – und prompt entdeckte man dunkle Schimmelpilze (Bild 3.6).

Dann wurde der Boden nach und nach an weiteren Stellen geöffnet und immer wieder Schimmelpilze entdeckt (Bilder 3.7 und 3.8). Nunmehr wurde der komplette Bodenbelag bis auf die Bodenfliesen entfernt, weil man hoffte, der Ursache damit auf die Schliche zu kommen. Ein Installationstechniker prüfte sämtliche Rohre und konnte durch Abdrücken der Leitungen keine Leckage ausmachen. Alles war in Ordnung.

Bild 3.6: An den Prozessluftöffnungen ist dunkler Schimmel erkennbar

Bilder 3.7 und 3.8: Die Bodenöffnungen in einer Raummitte und einer Zimmerecke ergeben einen eindeutigen Befund: Schimmelpilzbildung.

Bild 3.9:
Auch in der Styropor-Dämmschicht unter dem Linoleum in der Turnhalle gab es extremen organischen Befall. Woher kam das Wasser?

Nun geriet das Dach beziehungsweise Vordach über dem Eingang in Verdacht, schließlich war auf dem Bodenpflaster vor dem Eingang deutlich zu erkennen, dass sich hier Feuchtigkeit sammelte. War das Regenwasser vielleicht unbemerkt unter der Eingangstür durchgeschlichen und hatte sich im Haus breit gemacht? Ein hinzugezogener Bausachverständiger konnte jedoch jedes von außen eindringende Wasser ausschließen. Die Feuchtigkeit vor der Eingangstür war eine übliche Witterungserscheinung. Das Wasser würde bei einem Wetterwechsel auf natürliche Weise wieder abtrocknen.

Nachdem in einem großen Stemmloch (Bild 3.9) in der Turnhalle ein extremer organischer Befall in der Polystyrol-Dämmschicht (expandiertes Polystyrol (EPS), oft wird der Handelsname der Firma BASF »Styropor« verwendet) unter dem Linoleum vorgefunden wurde, rief man mich dazu: Woher kam das Wasser? Konnte es sein, dass der poröse Schlauch der Geschirrspülmaschine schuld an dem Desaster war?

Ich begutachtete den aktuellen Zustand des Kindergartens genau, ließ mir die Schadenschronologie genauestens schildern und verlangte dann einen minutiösen Arbeitsbericht des Trocknungsbetriebs. Danach war die Sache klar:

Man braucht nicht viel Erfahrung, um zu wissen, wie wenig Wasser wie viel Schaden anrichten kann. Jeder, dem beim Wischen schon mal der Putzeimer umgefallen ist, weiß, wie schnell die 3 oder 4 Liter vom nächsten Teppich aufgesaugt werden. Und egal, wie groß das Ding ist: Binnen Minuten ist es komplett durchnässt, wiegt etwa so viel wie ein Elefant und braucht – selbst an einer Teppichstange aufgehängt – Tage, bis es wieder trocken ist. Wenn man sich klar macht, dass der poröse Schlauch an der Geschirrspülmaschine vielleicht schon über Wochen bei jedem Spülgang ein bisschen und dann jeden Tag ein bisschen mehr Wasser abgegeben hat, bis es endlich auffiel, dann ist klar, dass wir es hier vermutlich mit mehreren Putzeimern voll Wasser zu tun hatten.

Bild 3.10: Das Wasser lief unter den schwimmenden Estrich und durchtränkte allmählich die gesamte Fußbodendämmung des Kindergartens.

Dieses Wasser lief nun hinter der Spülmaschine über die Bodenfliesen durch einen Fugenriss an der Wand entlang unter den Estrich (Bild 3.10). Das war möglich, weil es sich um schwimmenden Estrich handelte, der keinen schlüssigen Verbund zum Mauerwerk hatte, sondern von diesem durch einen Randdämmstreifen aus Schaumstoff getrennt war. Durch diese schmale Ritze sickerte das Wasser stetig nach und durchtränkte so allmählich die Dämmschicht im Fußboden des gesamten Kindergartens.

Estricharten (Aufbau)

Die verschiedenen Arten des Estrichs werden nicht nur nach den jeweiligen Bindemitteln unterschieden (siehe »Estricharten (Bindemittel)«), sondern auch nach ihrem jeweiligen Aufbau. Der einfachste und belastbarste Estrich ist der sogenannte **Verbundestrich**. Er liegt direkt auf dem Rohbeton und geht eine kraftschlüssige Verbindung mit ihm ein.

Von **Estrich auf einer Trennschicht beziehungsweise Trennlage** spricht man, wenn zwischen Estrich und Beton eine trennende Schicht liegt, zum Beispiel Folie aus Polyethylen oder Bitumenpapier. Die Trennschicht wird – außer unter Gussasphalt- und Calciumsulfatestrich – immer zweilagig verlegt, sodass eine Lage auch als Abdichtung gegen aufsteigende Feuchtigkeit dienen kann, während die andere den Estrich sicher vom Untergrund entkoppelt, damit er sich spannungsfrei bewegen kann und nicht einklemmt wird. Eine Einspannung wird obendrein durch einen umlaufenden, 5 mm dicken Trennstreifen an den Wänden verhindert. Estrich auf Trennschicht wird oft in Heiz-, Wasch- und Trocken- oder Lagerräumen eingesetzt. Er muss mindestens 15 mm (Kunstharzestrich) bis 35 mm (Zementestrich) dick sein.

Der **schwimmende Estrich**, für den alle Estricharten verwendet werden können, hat keine unmittelbare Verbindung mit den angrenzenden Bauteilen, er wird schwimmend auf einer Dämmschicht, zum Beispiel aus Polystyrol oder Polyurethan, verlegt. Um eine wirksame Wärme-, Luft- und Trittschalldämmung zu erzielen, ist auch eine kombinierte Trittschall- und Wärmedämmung aus zwei Einzellagen möglich beziehungsweise nach Einbau vorgeschrieben. Als Dämmstoffabdeckung werden Polyethylenfolien oder Bitumenpapier verwendet. Die Estrichnenndicken sind von der Dicke der Dämmstoffschicht, deren Zusammendrückbarkeit (Volumenverringerung) sowie dem Belag und dem Bindemittel abhängig und liegen zwischen 30 und 80 mm. Auch die Raumhöhe und die nötige Überdeckung von Röhren oder Leitungen spielen eine Rolle. So sind mir in der Praxis auch immer wieder Estriche untergekommen, die mit wesentlich größeren Dicken – als schwimmende Konstruktion bis 200 mm – eingebaut wurden.

Dient der schwimmende Estrich zur Aufnahme von Heizelementen für die Raumheizung sowie der Wärmespeicherung, spricht man vom **Heizestrich**. Die Heizelemente können innerhalb der Estrichschicht, innerhalb der profilierten Dämmschicht oder innerhalb einer separaten Estrichausgleichsschicht verlegt werden. Die Dicke der Estrichschicht richtet sich nach der Bauart, jedoch müssen Heizelemente mindestens 30 mm überdeckt sein (die Rohrüberdeckung bei Gussasphaltestrich liegt bei mindestens 15 mm).

Für alle Beteiligten ist es sinnvoll, vor Beginn von Trocknungsarbeiten den Estrich und den Bodenbelag soweit wie möglich auf Risse, Beschädigungen oder Absenkungen zu untersuchen und das Ergebnis zu dokumentieren. Die Fachbetriebe vermeiden dadurch etwaige Regressforderungen, und Eigentümer können eventuell ihre Ansprüche geltend machen, wenn erst bei den Arbeiten Schäden auftreten.

Der Trocknungsbetrieb hatte die Trocknung der Trittschalldämmung prinzipiell richtig begonnen, indem die Anlage im Druck-/Saugverfahren installiert wurde, um die Raumluftbelastung zu minimieren. Er hatte aber verschiedene, leider allzu typische Fehler gemacht:

Um die Begehbarkeit der Räume zu gewähren, wurden die Schläuche nicht auf den Boden gelegt, sondern unter die Decke gehängt. Hierdurch verlängerte sich jedoch der Lufttransportweg, insbesondere wenn, wie in diesem Fall, die Deckenhöhe etwa 3,50 m beträgt. Der angeschlossene Verdichter und der Trockner hätten jetzt nicht nur entsprechend der zu trocknenden Estrichfläche, sondern auch entsprechend der Transportwege bemessen werden müssen. Da dies jedoch versäumt wurde, waren die Anlagen zu schwach, sodass kein Trocknungserfolg erzielt werden konnte.

Obendrein hatten die Handwerker, soweit ich das anhand der vorgefundenen Bohrlöcher im Boden rekonstruieren konnte, nicht genügend Prozessluftöffnungen geschaffen. Die wenigen, die es gab, waren auch noch an den falschen Stellen positioniert. Die unter den Estrich gebrachte Luft konnte sich nicht richtig verteilen. Vor allem die nicht berücksichtigte Leitungstrasse in der Raummitte verhinderte, dass sich der Luftstrom unterhalb der Estrichplatte ausbreiten konnte. Außerdem hatten die Handwerker weder die Fußleisten entfernt noch die Randfuge freigelegt, sodass auch hierüber keine Luft aus dem Boden austreten und abtrocknen konnte. Die Trocknung setzte nicht überall gleichmäßig ein. Während die Stellen, die auf Feuchte gemessen werden konnten, trocken gewesen sein mochten, waren andere feucht geblieben. So konnten sich an mehreren Stellen Feuchtenester erhalten.

Die Feuchtemessungen wurden mittels einer elektronischen Fernüberwachungsanlage (Telemetrie) durchgeführt – und zwar fast ausschließlich. Hierbei werden per Funk die Messwerte an einen Empfänger übersandt und die Baustelle dadurch fernüberwacht. Doch hier darf der Verstand nicht durch die Allmachtsgläubigkeit an die Messtechnik ausgeschaltet werden: Auf der Baustelle herrschen nie Laborbedingungen, und wenn im Vorfeld schon Fehler beim Aufbau der Trocknungsanlage gemacht werden, können die übermittelten Daten nicht richtiger werden. Die Stör- und Einflussfaktoren, die auf die Fernüberwachung einwirken, müssen durch Erfahrungen und persönliche Besuche des Trocknungstechnikers auf der Baustelle ausgeglichen werden – eine reine Fernüberwachung, so zeigt die Praxis, ist nicht möglich!

Und schließlich hatten die Handwerker übersehen, dass zwischen der Dämmschicht und dem Estrich eine diffusionsoffene Trennung, nämlich Bahnen aus Pappe, eingezogen war. Hierüber war infolge des Wasserschadens Feuchtigkeit in die Estrichplatte aufgestiegen und hatte sich dort abgelagert. Die entfeuchtete Prozessluft hatte später die Pappe nicht durchdrungen, und so konnte die Feuchtigkeit nach Abbau der Trocknungsanlage wieder an die Dämmschicht zurückgegeben werden. Bei den hohen Sommertemperaturen hatten sich dann Schimmelpilzkulturen ausgebildet, die für den muffigen Geruch verantwortlich waren.

Prozessluftöffnungen

Eine der größten Herausforderungen bei der technischen Trocknung beispielsweise einer Estrichdämmschicht ist es, die Prozessluftöffnungen in ausreichender Anzahl und an der richtigen Stelle zu setzen. Durch die Prozessluftöffnungen wird die mit Feuchtigkeit angereicherte Prozessluft aus der zu trocknenden Bodenschicht herausgesaugt oder trockene Luft hineingedrückt.

Wie viele? Und wo? Diese beiden Fragen müssen korrekt beantwortet werden, um den Trocknungserfolg sicherzustellen. Grundsätzlich gilt: So viele wie nötig und so wenige wie möglich!

Die Anzahl und Platzierung der Prozessluftöffnungen hängt nicht allein von den Baustoffen oder der Gebäude- beziehungsweise Bodenkonstruktion ab, auch die Raumgeometrie, der Oberboden (Bodenbelag) und die anzuwendende Trocknungstechnik bestimmen die Positionierung. Zwei Ansätze haben sich bewährt:

Bei der Fünfer-Anordnung werden vier ca. 40 bis 50 mm große Öffnungen gleichmäßig um eine zentrale fünfte Öffnung verteilt. Dabei sollte der Abstand der äußeren Löcher zur Wand etwa 1,50 m und zum zentralen fünften Loch etwa 2,0 m betragen.

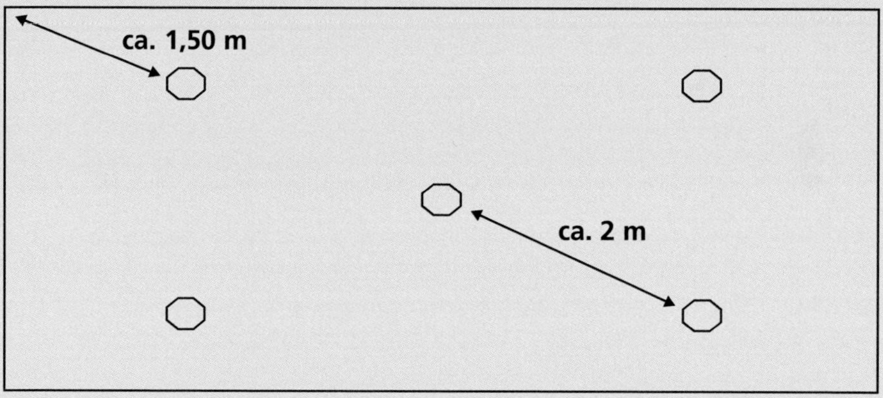

Die Vier-Meter-Regel besagt, dass zwischen Ein- und Austrittsöffnung nicht mehr als 4,0 m und maximal 8,0 m zwischen zwei Einflutöffnungen liegen sollten. Doch Achtung: Diese Regel ist nur mit viel Erfahrung und größter Umsicht anzuwenden, da eine zuverlässige Trocknung sonst nicht gewährleistet ist und Folgeschäden drohen. Mit der oben gezeigten Fünfer-Anordnung hingegen ist man auf der sicheren Seite.

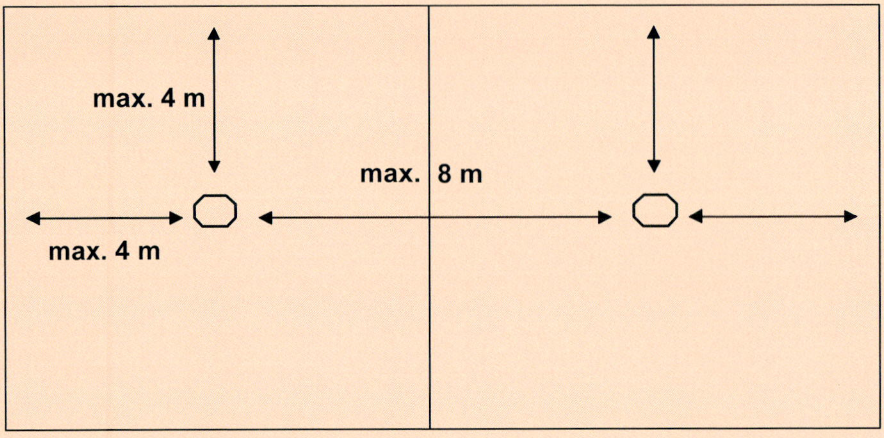

Die Austritte der Prozessluft sollten entsprechend groß sein, damit sich folgende Luftgeschwindigkeiten ergeben, die man mit einem (thermischen) Anemometer überprüfen muss: Bei einem Schlauch mit 50 mm Durchmesser sollte die Luftgeschwindigkeit am Luftaustritt des Verdichters 15 bis 16 m/s nicht unterschreiten. Optimal wären 22 bis 25 m/s.

An der Austrittsöffnung, zum Beispiel am Estrich, sollte ein Wert von 1 bis 3 m/s gemessen werden. Ansonsten ist keine ausreichende Zirkulation möglich. Und ohne Zirkulation gibt es keine Trocknung!

Die Kindergartenleiterin war nicht vollends überzeugt: Woher wusste ich, dass nicht aus irgendeiner anderen Quelle nach der technischen Trocknung wieder Wasser in den Fußboden gelangt war? Und auch die Trocknungstechniker gaben zu bedenken, dass »die Karten völlig neu gemischt würden«, wenn es zwischenzeitlich zu einem neuen Feuchteeintritt gekommen sei.

Doch der Zweifel war unberechtigt. Denn es gab mehrere eindeutige Hinweise darauf, dass kein neues Wasser an anderer Stelle ausgetreten war: Zum einen war an den geöffneten Bodenstellen deutlich erkennbar, dass die Feuchtigkeit schnell vegetativ abtrocknete, seitdem sie freigelegt war. Gäbe es eine neue Feuchtequelle – zum Beispiel ein undichtes Dach oder eine Leitungsleckage – dann hätte die Stelle weiterhin feucht sein müssen. Zum anderen konnte man an den mit Malerfilz abgeklebten Bohrlöchern in der Küche erkennen, dass es dort seit dem Wasserschaden durch die Spülmaschine keinen weiteren Kontakt mit Wasser gegeben hat. Die Abklebung hatte ja keine vollständige Haftung mit dem Untergrund. Wäre hier Feuchtigkeit nachgedrungen, hätte sich die Verklebung lösen müssen. Auch eine künstliche Bewässerung des Außengeländes mittels Wasserschlauch zeigte, dass von außen kein Wasser eindrang.

In dieser Weise überführt, zeigte sich der Trocknungsbetrieb einsichtig und übernahm die Kosten für die vorangegangenen Untersuchungen (zum Beispiel Stemmarbeiten in den verschiedenen Räumen, Leckortung), die ja ohne seine Fehler gar nicht nötig gewesen wären. Auch ließ er sich von mir darauf hinweisen, dass die Bohrlöcher nicht einfach mit Malerfilz zugeklebt werden dürfen. Allzu leicht könnte hier durch Spritz- und Wischwasser wieder Feuchtigkeit unter die Dämmschicht dringen. Zukünftig würde das Unternehmen für eine ausreichend dichte Verschließung der Bohrlöcher sorgen.

Leider war damit der Schaden noch nicht behoben. Denn aufgrund der langen Feuchteeinwirkung hatte ich große Bedenken, ob durch den organischen Befall der Dämmschicht nicht in irgendeiner Weise die Gesundheit der Kinder beeinträchtigt sei. Ich empfahl, vor Beginn einer Nachtrockung eine baubiologische Untersuchung des Dämmmaterials durchzuführen und gegebenenfalls entsprechende Hygienemaßnahmen einzuleiten.

Schimmelpilz allgemein

Schimmelpilz kennen wir sowohl von verdorbenen Lebensmitteln wie Brot oder Früchten als auch von feuchten Wänden. Die Gesamtzahl der verschiedenen Schimmelpilzarten wird auf etwa 250 000 (!) geschätzt, wobei erst ca. 100 000 davon bisher konkret bestimmt wurden. Sie ernähren sich von unterschiedlichen Substraten und breiten sich auf verschiedene Weise aus. Schimmelpilze sind beinahe überall zu finden, ihre Sporen sind fast immer in der Luft vorhanden, egal ob wir sie wahrnehmen oder nicht. Solange Schimmelpilze nicht in großen Mengen auftreten, sind sie für den Menschen in der Regel ungefährlich. Allerdings gelten manche Arten als Allergieauslöser und können bei Menschen mit geschwächtem Immunsystem zu schweren Erkrankungen führen. Oftmals haben wir es bei einem Befall jedoch nicht nur mit Schimmelpilzen, sondern auch mit dem Wachstum von Bakterien zu tun.

Schimmelpilze wachsen oft im Verborgenen und fallen erst durch ihren modrigen, muffigen Geruch oder dunkle Flecken an Wänden, Decken oder Mobiliar auf. Auch wenn der Befall nicht sichtbar und nur gering ist, besteht aus hygienischen Gründen Handlungsbedarf.

Schimmelpilze benötigen zum Wachsen Feuchtigkeit. Optimal für sie ist eine Luftfeuchtigkeit von 75 bis 98 %. Unter 70 % ist das Wachstum von Schimmelpilzen in Innenräumen so gut wie ausgeschlossen. Auch freies Wasser, beispielsweise im Wasserglas oder Schwimmbad, mögen sie nicht.

Häufigste Ursache für die Schimmelpilzbildung ist – neben Baumängeln – unsachgemäßes Heizen und unzureichendes Lüften in geschlossenen Räumen. Begünstigt wird dieser Prozess durch Kondensation der Luftfeuchte im

Bereich von »kalten« Wänden, die beispielsweise durch Wärmebrücken oder bei unzureichender Wärmedämmung entsteht. Vorbeugend gegen Schimmelpilzwachstum wirken richtiges Lüften und Heizen mit regelmäßigem Abführen der Feuchtigkeit nach außen (siehe Infokasten: »Richtig lüften«).

Nicht jeder Schimmelpilz muss bekämpft werden, in bestimmten Bereichen werden Pilze sogar gezielt kultiviert, sei es bei der Herstellung von Käse oder Salami, sei es in der Pharmazie zur Gewinnung von Antibiotika. Bei einem Befall sollte nie der gesunde Menschenverstand ausgeschaltet werden – weder bagatellisieren noch Panik machen ist angebracht!

Die Innenraumlufthygiene-Kommission (IRK) des Umweltbundesamtes (UBA) hat zwei Leitfäden erarbeitet: Der erste beschreibt vor allem die Methoden zur Erfassung und die gesundheitlichen Risiken von Schimmelpilzen in Innenräumen. Der zweite beschäftigt sich mit der Ursachensuche und Sanierung bei Schimmelpilzwachstum und erklärt wirkungsvolle Methoden und Verfahren der Schimmelpilzsanierung. Im Jahr 2017 wurde der Leitfaden »Zur Vorbeugung, Erfassung und Sanierung von Schimmelbefall in Gebäuden« vom Umweltbundesamt herausgegeben. Dieser Leitfaden fasst die beiden vorgenannten zusammen und gibt die allgemein anerkannten Regeln der Technik und zum Teil den Stand der Technik wieder. Die Publikation ist im Internet unter http://www.umweltbundesamt.de/ abrufbar.

Neben dem Leitfaden des Umweltbundesamtes gibt der Gesamtverband der Deutschen Versicherungswirtschaft e. V. (GDV) über die VdS Schadenverhütung GmbH die »Richtlinien zur Schimmelpilzsanierung nach Leitungswasserschäden« heraus (VdS 3151 : 2014-06 (01)).

Wir entnahmen an sechs Stellen Materialproben und gaben sie einem spezialisierten Labor zur mikrobiologischen Analyse. Zwei Wochen später hatten wir Antwort:

Zunächst bestätigte das Labor meinen Schadensbefund, nämlich insofern, als die Experten bei fast allen Proben einen länger als sechs Monate zurückliegenden Schaden vermuteten und keine periodische Auffeuchtung erkennen konnten. Lediglich bei den beiden Proben, die der Küche und dem mittleren Eingangsbereich entnommen worden waren, baten sie zu prüfen, ob hier eine weitere Feuchtigkeitsquelle existierte, da ein Wiederaufblühen der Sporen durch Wiederauffeuchtung erkennbar war. Offenbar hatte ich mit meiner Sorge Recht behalten, dass die mit Malerfilz verschlossenen Trocknungs-Bohrlöcher keinen ausreichenden Schutz gegen Spritz- und Wischwasser boten.

Doch die Freude über die Bestätigung meiner Analyse währte nur kurz. Denn ansonsten war das Ergebnis niederschmetternd: Bei allen Proben konnten die Experten starken oder sogar sehr starken Befall mit gesundheitsgefährdenden Mikroorganismen feststellen, die sehr wahrscheinlich zu Nasen- und Nebenhöhlenproblemen, Kopfschmerzen und Infektanfälligkeit führen könnten. Eine Aufwirbelung der Organismen könne Schüttelfrost, grippeähnliche Reaktionen und Muskelkater verursachen. In jedem Fall sahen sie akuten Handlungsbedarf und empfahlen abschließend einen Austausch des Estrichs und des Dämmmaterials in allen Bereichen. Ein teurer Spaß, bei dem man sich am Ende noch darüber streiten musste, ob der Schaden von der Gebäudeversicherung des Kindergartens, nämlich als Folge des Spülmaschinendefekts, oder von der Haftpflichtversicherung des Trocknungsbetriebs, als Folge eines Handwerkerfehlers, übernommen werden würde!

Fazit

- Eine Geschirrspülmaschine braucht nicht viel Wasser, verwendet aber genug, um einen erheblichen Feuchtigkeitsschaden zu verursachen.
- Wenn man lange genug wartet, kann das kleinste Feuchtenest größte Schimmelpilzkulturen hervorbringen.
- Bei einer technischen Trocknung müssen nicht nur die richtigen Geräte eingesetzt werden, sondern auch die richtige Anzahl an korrekter Stelle.

3.8 Die Rückkehr der Schimmelpilze

Ist »trocken« wirklich trocken? Wie lange brauchen Schimmelpilze, bis sie »blühen«?

Zum Glück war Dr. Huber diesmal zu Hause, als Frau Schiller aus der Wohnung darunter bei ihm klingelte. »Es tropft wieder durch die Decke«, rief sie, und dann waren sie zusammen in seine Küche gestürmt. Sie öffneten die Tür zum Spülunterschrank und entdeckten die Leckage am Kaltwasserventil. Auf diese Weise konnte dieses Mal nur gefühlte zehn Minuten lang Wasser auslaufen.

Zwei Jahre zuvor war es zu einer ähnlichen Situation gekommen. Allerdings befand sich Dr. Huber damals gerade im Urlaub. Bis also die Wohnung zugänglich war und die Leitung abgestellt werden konnte, waren fast drei Wochen vergangen. Solange konnte das Wasser ungehindert aus der Leckage tropfen und den Boden so durchtränken, dass in der unteren Wohnung der Putz von der Decke fiel.

Endlose 21 Tage hatte die Trocknung damals gedauert. Zuletzt war der Maler täglich erschienen, um die Feuchtigkeit zu messen. Er konnte die Wände ja nicht neu tapezieren und streichen, bevor alles trocken war. Die Decke ohne Putz hatte er der Einfachheit halber mit einer Leichtbaukonstruktion aus Gipskartonplatten verkleidet und dabei gleich 20 cm abgehängt. Bei den hohen Altbauwohnungen fiel das ja kaum auf und sparte zudem Heizkosten.

Doch dann hatte Frau Schiller doch länger auf einer Baustelle leben müssen, als ihr lieb gewesen wäre. Denn vier Wochen nachdem die Handwerker endlich weg waren, löste sich im Schlafzimmer eine Bahn der neuen Tapete von der Wand. Wieder musste man warten, bis alles trocken war. Doch dann endlich war alles wieder schön und ordentlich.

Nach dieser Erfahrung war Frau Schiller nun also unverzüglich eine Etage höher gelaufen und hatte Sturm geklingelt. So ging dieses Mal eigentlich alles ganz schnell. Binnen fünf Tagen waren die Trocknungsarbeiten abgeschlossen, und alles wäre wieder gut gewesen, wenn die Handwerker nicht an der Decke oberhalb der Gipskartonplatten etwas entdeckt hätten, was niemand gern sieht: Schimmelpilze! Und zwar jede Menge (Bild 3.11).

Die Gipskartonplatten waren restlos entfernt worden, und so gab nun die Aluminiumkonstruktion den Blick auf die alte Decke frei. Überall, wo vor zwei Jahren der Putz abgebröckelt war und die Zwischendecke, die Holzbalkenkonstruktion der Decke, offen lag, war auf den Spalierhölzern organischer Befall zu erkennen. Und sah man genauer hin, ließen sich die dunklen Schimmelpilzsporen auf den Spalierhölzern mit dem Lehm-/Strohgemisch einwandfrei ausmachen (Bild 3.12). Auf dem Putz hatte sich der Schimmelpilz nicht angesiedelt, offenbar hemmte seine Alkalität, oder die der Farbe, das Wachstum von Mikroorganismen. Oder der Schimmelpilz hatte im Putz einfach keine Nahrung gefunden.

Bild 3.11: Oberhalb der Gipskartonplatten an der Decke kommt es nach Abschluss der Trocknungsarbeiten zu einem unerwarteten Fund: jede Menge Schimmelpilz.

Bild 3.12: Dunkle Pilzsporen auf den Spalierhölzern: Alkalität oder Nahrungsmangel haben offenbar verhindert, dass sich der Schimmelpilz auf dem Putz ansiedelt.

Aber wo kam der Schimmelpilz her? Gab es einen Zusammenhang mit dem einen oder anderen Wasserschaden? Wenn ja: Wie konnte das gehen? Schließlich war das letzte Mal alles getrocknet worden und diesmal nur wenig Wasser ausgetreten. Reichte so wenig Wasser aus, um solch ein Schimmelpilzwachstum zu fördern? Oder gab es eine völlig andere Ursache?

Die Wohnungseigentümerin Frau Schiller und Dr. Huber standen ratlos vor dem Schaden, die Handwerker ebenfalls, und auch die Versicherung konnte keine Auskunft geben. Als Sachverständiger sollte ich nun das Rätsel lösen und auch noch Antwort auf die Frage der Schadensbehebung und ihrer Kosten geben.

Nachdem ich mir den Schadensverlauf von beiden Rohrleckagen hatte erzählen lassen und den Schadensort unter die Lupe genommen hatte, war eines schon mal klar:

Der organische Befall war nicht durch den zweiten Wasserschaden hervorgerufen worden! Dafür gab es zwei zwingende Indizien:

Zum einen konnte ich tatsächlich durch eigene Messungen nirgends auch nur einen Wert von erhöhter Feuchtigkeit feststellen. Die fünftägige technische Trocknung hatte also ausgereicht, um alle Baustoffe zu trocknen. Es konnte demnach nicht allzu viel Wasser aus dem Leck getreten sein; vermutlich war tatsächlich zwischen der Leckage und der Entdeckung des Schadens sowie dem Abdrehen des Haupthahns nicht sehr viel Zeit vergangen.

Zum anderen war aber auch der organische Befall schon in einem Stadium, das nicht binnen so kurzer Zeit hätte erreicht werden können. Zwar gab es keine Laboranalyse, aber erfahrungsgemäß und mit 80-prozentiger Wahrscheinlichkeit handelt es sich im Baubereich um einen Schimmelpilz namens Aspergillus versicolor. Der am Tag der Ortsbegehung vorgefundene Befall war nicht gerade erst ausgekeimt, sondern im Schnitt bereits 2,0 mm groß. Ein derartiges Wachstum würde bei einer Temperatur von +20 °C mindestens einen Tag lang eine relative Luftfeuchte von 95 % voraussetzen – also gesättigte Baustoffe – oder etwa fünf Tage bei 80 %. Dafür aber hätte ich bei der Ortsbegehung noch eine erhebliche Restfeuchte in der Konstruktion feststellen müssen. Es war aber alles trocken.

Schimmelpilz Aspergillus

Man unterscheidet weltweit unzählige Arten von Schimmelpilzen. Die Formgattung Aspergillus oder Gießkannenschimmel (lat. aspergillum = Gefäß zum Besprengen: die Form der Konidienträger / Sporenträger ähneln unter dem Mikroskop dem Brausekopf einer Gießkanne) ist eine der weitest verbreiteten Arten. Er ist in acht von zehn Fällen von Schimmelpilzbildung in feuchten Zimmerecken, auf Lebensmitteln oder im Hausstaub vertreten.

Aspergillus-Arten wachsen gerne auf Baumwollstoffen, aber auch auf Hanf, Jute und Kapok, auf Polstermöbeln und Schaumstoffmatratzen. Man findet sie auf Früchten, Gemüse, in Mehl, Heu und Silagefutter, aber auch auf Tierkot (Vogelhaltung!), Holz, Papier und Tapeten. Im Badezimmer und in allen feuchten Ecken des Hauses (beispielsweise im Keller) fühlen sie sich besonders wohl.

Manche Aspergillus-Arten bilden Stoffwechselprodukte, die für den Menschen sehr giftig sind (Mykotoxine, zum Beispiel Aflatoxin). Bei abwehrgeschwächten Menschen kann Aspergillus auch allergische Reaktionen auslösen oder sogar Organe wie Lunge, Magen, Darm und das Nervensystem befallen. Die durch Aspergillus hervorgerufenen Krankheitsbilder werden unter der Bezeichnung Aspergillosen zusammengefasst.

Einzelne Aspergillus-Arten werden jedoch mit wirtschaftlichem Interesse gezielt gezüchtet; der »Aspergillus niger« zum Beispiel produziert über 99 % des weltweiten Zitronensäure-Bedarfs und wird auch für die Produktion des Konservierungsstoffs Lysozym (E 1105) und des Enzyms Glucose-Oxidase verwendet.

Der Schimmelpilz musste also eine andere Ursache haben. Hauptverdächtiger war nun der erste Wasserschaden. Zum Glück konnte ich bei der Rekonstruktion der damaligen Trocknungsarbeiten auf diverse Quellen zurückgreifen: Die Rechnungen, in denen der Fachbetrieb die eingesetzten Geräte und ihre Laufzeit vermerkt hatte, lagen vor, aber ich konnte auch die Mitarbeiter der Trocknungsfirma sowie Dr. Huber und Frau Schiller befragen.

Zuallererst stellte sich heraus, dass der Handwerker damals vergessen hatte, einen Teil der Trocknungsgeräte abzurechnen, nämlich die, die er in der Erdgeschosswohnung eingesetzt hatte. Aber im Kern deckten sich alle Informationen: Bei dem damaligen Schadensfall war das Wasser über einen Zeitraum von drei Wochen ungehindert ausgetreten. Daraus, dass in der Erdgeschosswohnung sogar der Putz von der Decke gebrochen war, lässt sich schließen, dass die Durchfeuchtung bis zur kompletten Sättigung der Baustoffe erfolgt war – und zwar mit Sicherheit im kompletten Deckenquerschnitt, das heißt, auch die Lehmbaustoffe auf den Schwartenhölzern in den Gefachen waren betroffen.

Um die Baustoffoberflächen zu entfeuchten, waren anschließend drei Wochen lang mehrere Kondenstrockner im Ober- und Erdgeschoss gelaufen. Obgleich allen Beteiligten dieser Zeitraum lang erschien, war er sicher nicht lang genug. Denn man kann davon ausgehen, dass bei einer solch massiven Durchfeuchtung auch nach dieser Trocknungszeit mit Sicherheit noch Restfeuchte vorhanden war – die Trocknung wurde nämlich nicht fachgerecht durchgeführt!

Keiner der Zeugen berichtete von irgendwelchen Schläuchen, über die Trocknungsluft in die Deckenkonstruktion geführt worden war. Auch der Handwerker selbst gab auf meine Frage lapidar zu: »Schläuche? Nein, die gab es nicht, weder an der Decke noch sonst irgendwo. Wir haben das genauso gemacht wie dieses Mal. Es standen nur die Öfen in den Räumen.«

Mit den »Öfen« gemeint waren die Kondenstrockner, mit denen allerdings keine durchfeuchtete Holzbalkendecke getrocknet werden kann. Wer die technische Trocknung einer Decke ausschließlich mit diesen Geräten über die raumseitige Baustoffoberfläche angeht, kann nicht alle in der Konstruktion befindlichen Hohlräume und Baustoffe erreichen (Bild 3.13). Die Abtrocknung erfolgte nur oberflächlich.

Auch die Feuchtemessungen waren nicht fachgerecht durchgeführt worden. Zwar hatte niemand die Messungen dokumentiert, was allein schon zu bemängeln wäre,

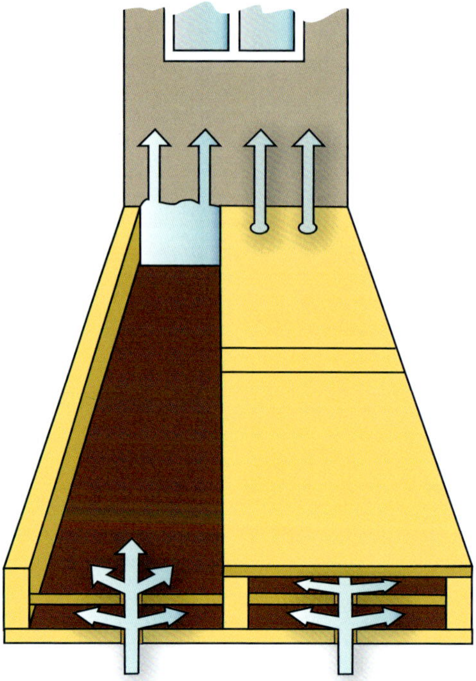

Bild 3.13: Nicht nur die raumseitige Oberfläche der Deckenkonstruktion, sondern auch ihre zahlreichen Hohlräume müssen technisch getrocknet werden (schematische Darstellung).

aber unabhängig von den gemessenen Werten steht fest: Eine gesicherte Feuchtemessung in einer Holzbalkendecke lässt sich nur durchführen, wenn über entsprechende Verfahren für einen Luftstrom durch die tiefer liegenden Hohlräume gesorgt ist. Andernfalls ist es unmöglich, Feuchtenester in der Konstruktion auszuschließen.

Fachlich richtig wird die technische Trocknung einer Holzbalkenkonstruktion, beispielsweise mit Lehmeinschub, folgendermaßen durchgeführt:

1. Zunächst müssen sogenannte Prozessluftöffnungen fachgerecht in ausreichender Menge und an geeigneter Stelle in den Baustoff gesetzt werden. Dafür werden Löcher etwa mit dem Durchmesser eines Euro-Stücks gebohrt, und zwar so tief, dass alle Hohlräume erfasst werden. Eine Holzbalkendecke besteht aus mehreren Ebenen (siehe Infokasten: »Holzbalkenkonstruktion mit Einschub (zum Beispiel Lehm)«).
2. Dann werden Prozessluftschläuche bündig an die Öffnungen angeschlossen, um die technisch entfeuchtete Luft in die Deckenkonstruktion zu leiten, beziehungsweise abzusaugen. Hierüber werden während der Trocknung auch regelmäßig Feuchtemessungen durchgeführt.
3. An die Prozessluftschläuche wird ein Trockner und gegebenenfalls auch ein Verdichter (siehe Infokasten: »Verdichter«) angeschlossen.
4. Während der Trocknungszeit laufen die Geräte in Intervallen, das heißt, die Geräte werden phasenweise ausgeschaltet, damit sich die Feuchtigkeit aus dem

Baustoffinneren (in diesem Fall Lehm) per Diffusion in die äußeren Bereiche bewegt und von dort wieder durch den Luftstrom abtrocknen kann. Dies ist jedoch nicht zwingend und muss in jedem Fall einzeln entschieden werden. Laufen die Geräte ohne Unterbrechung, kann es passieren, dass durch den permanenten Luftstrom die Kapillare an der Lehmoberfläche verstopfen und die Feuchtigkeit aus den tieferen Schichten nicht mehr austrocknen kann.

Holzbalkenkonstruktion mit Einschub (zum Beispiel Lehm)

Bis in die sechziger Jahre war es in Deutschland üblich, Decken in Einfamilienhäusern aus Holzbalken zu bauen. Für den Aufbau der Holzdecken gibt es eine Vielzahl konstruktiver Möglichkeiten, die abhängig von den baulichen Gegebenheiten und regional sehr verschieden sein können. In Mehrfamilienhäusern hatte man aber auch bereits nach 1940 begonnen, Decken aus Stahlbeton einzuziehen, wie es heute allgemein üblich ist.

Bei einer Holzbalkenkonstruktion liegen die Balken in einem Abstand von etwa 0,50 bis 1,50 m auf den Außenmauern und den tragenden Innenwänden. Darauf wird – quer zur Laufrichtung der Deckenbalken – der Dielenboden befestigt. Nach unten werden zwischen den Balken Bretter auf Winkelleisten gesetzt. Zwischen diesen Brettern und den darüber liegenden Dielen wird eine Füllung eingebracht. Sie besteht im Altbau in der Regel aus Lehm und Stroh, aber auch Bauschutt, Pottasche, Papier, Torf, Holzwolle, Schilf, Kies, Sand und viele andere Materialien wurden regional bedingt eingebaut. Im Neubau kommen moderne Baustoffe wie etwa Mineralwolle zur Anwendung.

Organische Baustoffe erfahren nach einem Wasserschaden eine Veränderung (Größe, Farbe, Gefüge, Festigkeit). Sollte die Trocknung unsachgemäß ausgeführt werden, können diese Änderungen noch verstärkt auftreten. Wenn die Trocknung der Baustoffe beispielsweise zu schnell erfolgt, kann es an den Holzbalken zu Torsionen (Verdrehungen) und somit zu Rissen im Mauerwerk kommen.

Meistens wird die Unterseite einer Holzbalkendecke jedoch mit grob behauenen Spalier-Latten benagelt, die direkt als Putzträger dienen oder wiederum selbst mit einer Schilfrohrmatte benagelt werden, die dann den Putz trägt.

In einer Holzbalkendecke mit Einschub gibt es also zahlreiche Hohlräume, in denen sich Feuchtigkeit halten und organischer Befall bilden kann. Deswegen muss bei einer technischen Trocknung sichergestellt werden, dass der Prozessluftstrom alle Hohlräume erreichen kann (siehe Bild 3.13, Pfeile). Im Hohlraum zwischen Schwartenbrettern (Bretter in der Mitte) und Dielen liegt der Lehmeinschub, der die von oben durchlaufende Feuchtigkeit als erstes aufnimmt und nach einem Schaden in der Regel mit Feuchtigkeit gesättigt ist. Wird der Luftstrom hier nicht hingeleitet, bleiben Feuchtenester, die nach dem Verschließen der Decke für Folgeschäden sorgen.

Als weiterer Schwachpunkt sind die auf dem Mauerwerk aufgelagerten Balkenköpfe zu erwähnen. Hier kann sich in den Steinen, die den Balken im Mauerwerk umschließen, Restfeuchte halten und einen organischen Befall im Holz auslösen, zum Beispiel Hausschwamm. Im schlimmsten Fall wird durch den holzzerstörenden Pilz der tragende Querschnitt des Balkens so weit reduziert, dass ein kompletter Rückbau zwingend ist.

Bei der Trocknung einer Holzbalkendecke mit Lehmeinschub muss die Anlage so aufgebaut werden, dass alle Hohlräume erreicht werden. Oftmals ist eine Installation von oberhalb UND (!) unterhalb nötig. Um die Fläche zu berechnen, die an eine Trocknungsanlage angeschlossen werden kann, sind mehrere Faktoren zu berücksichtigen: Erste Anhaltspunkte geben die Herstellerangaben der Verdichter und Trockner, die sich im Wesentlichen aber auf Estrichflächen beziehen. Aber Holzbalkendecken wurden in der Vergangenheit nicht »genormt« gebaut, insofern findet sich hier eine Vielzahl verschiedener Dämmmaterialien mit unterschiedlichem Trocknungsverhalten. Deswegen ist letztlich die Luftbewegung im Luftstrom die einzige relevante Messgröße zur Berechnung der Trocknungsanlage: Ein Verdichter, der nach Angaben des Herstellers für eine 80 m^2 große Fläche schwimmenden Estrichs ausreicht, kann bei einer Holzbalkendecke eventuell lediglich eine Fläche von etwa 20 m^2 erreichen. Es ist aufgrund der Konstruktion aber oft auch möglich, auf einen Verdichter oder einen Ventilator zu verzichten.

Der Luftstrom darf eine Geschwindigkeit von 0,2 bis maximal 1,5 m/s haben. Relevant ist der Volumenstrom, der wiederum vom Luftquerschnitt in der Deckenkonstruktion abhängig ist. Die Angabe von maximal 1,5 m/s steht den Angaben von höheren Luftgeschwindigkeiten bei Estrichtrocknungen entgegen, da die Lehmschüttungen in Holzbalkendecken nur mit einer geringeren Luftbewegung getrocknet werden dürfen. Zur Messung der Luftgeschwindigkeit wird ein Thermoanemometer eingesetzt.

Die meisten Holzbalkendecken können technisch getrocknet werden, manche Schüttungen (beispielsweise Sand) allerdings nur von Technikern mit viel Erfahrung. Diese entscheiden, ob eine Trocknung möglich oder ein Rückbau der Decke erforderlich ist.

Eine besondere Herausforderung ist bei der technischen Trocknung von Holzbalkendecken die Innenraumhygiene, da die Decken wirtschaftlich und technisch nur im Druckverfahren sicher getrocknet werden können. Die technische Trocknung solcher Decken ist also auch unter diesen Gesichtspunkten heute nur noch sehr schwer durchzuführen.

Es gab nur die Kondenstrockner. Keine Verdichter, keine Schläuche, keine Prozessluftöffnungen und auch keine Messprotokolle. Allein die Tatsache, dass sich vier Wochen nach Abschluss der Trocknungsarbeiten eine Tapetenbahn im Schlafzimmer aufgrund von Restfeuchte löste, hätte die Fachleute stutzig machen müssen. Ein deutlicheres Indiz für eine verbliebene Durchfeuchtung und die nicht ausreichende Abtrocknung der Wandkonstruktion konnte es doch gar nicht geben!

Verdichter

Verdichter, umgangssprachlich oft Turbinen genannt, dienen dem Transport der Prozessluft. Die heruntergetrocknete Luft wird mittels Verdichter zum nassen Baustoff geleitet. Dies kann im »Druckverfahren«, »Unterdruckverfahren« oder »Saug-/Druckverfahren« geschehen.

Ein Verdichter ist eine Maschine, welche das Medium Luft verdichtet bzw. zusammendrückt. Die im Bautentrocknungs-Gewerbe benutzten Verdichter sind sogenannte »Seitenkanalverdichter«.

Solch ein Seitenkanalverdichter besteht aus einem ringförmigen Gehäuse mit einem Ansaug- und einen Ausblasstutzen. Zwischen diesen Stutzen bilden ein Laufrad und ein Seitenkanal einen Arbeitsraum. Ein Laufrad ist am äußeren Rand mit vielen relativ kleinen »Schaufeln« besetzt. Ein Schaufelpaar mit dem dazugehörigen Zwischenraum bezeichnet man als »Schaufelzelle«.

Das Laufrad wird in Rotation versetzt, so dass die Schaufelzellen Luft durch den Ansaugstutzen ansaugen. Durch die im Gehäuse entstehende Umlaufströmung wird die Luft mehrfach verdichtet, dadurch kommt es zu einem Druckanstieg. Abschließend wird die verdichtete Luft am Ende des Arbeitsraumes pulsationsfrei von den Schaufelzellen durch den Ausblasstutzen hinausgeschoben.

So ist der Verdichter also eine Maschine, bei der – in unserem Fall mit einem Elektromotor – elektrische Energie in Rotationsenergie (Drehung des Laufrades) gewandelt wird. Diese wird dann in Form von Strömungsenergie (Prozessluftstrom) von uns verwendet.

Beim Einsatz von Verdichtern in der Bautrocknung ist eine Tatsache nicht zu vernachlässigen: Luft hat (... wie jedes andere Gas auch) die Eigenschaft, sich zu erwärmen, sobald man sie zusammendrückt. Denselben Effekt können Sie auch beim Aufpumpen eines Fahrradreifens beobachten. Die Luft im Inneren der Pumpe wird verdichtet und erwärmt nach einigen Schüben die Kunststoffhülle der Pumpe fühlbar. Dieser Effekt ist bei der technischen Trocknung »Segen und Fluch« zugleich. »Segen« in der Form, dass durch die Wärme die Luft mehr Feuchte aufnehmen kann und somit der Trocknungsprozess beschleunigt wird; »Fluch« deshalb, weil die eingebrachte Temperatur bei verschiedenen Baustoffen auch Schäden hervorrufen kann. In Kombination mit einem Adsorptionstrockner kann die Prozessluft durch den Verdichter auf eine Temperatur von ca. 40 °C angehoben werden.

Die Verdichter werden von den Herstellern in Schallschutzboxen verbaut und mit Betriebsstundenzähler und Strommesser (Amperemeter) ausgestattet. Die Amperemeter sind in der Regel auf einer Farbskala (grün/gelb/rot) montiert, worüber die Belastungsgrenze des Verdichters einfach abgelesen werden kann. Bei »rot« ist eine zu hohe Belastung des Verdichters vorhanden, so dass dieser überhitzt und sich ausschaltet oder es zu Schäden an den Bodenkonstruktionen kommen kann. Wenn ein Überdruck festgestellt wird, so ist entweder der Verdichter zu leistungsstark für die zu trocknende Fläche oder es wurden keine bzw. zu wenig Austrittsöffnungen geschaffen, so dass eine Luftzirkulation nicht zustande kommt.

Die Händler geben die Geräteleistung in »m² zu trocknende Fläche« an. So sind Verdichter z. B. für ca. 35 m² oder ca. 60 m² erhältlich. Diese Angaben sind als Orientierungswerte zu sehen und können – je nach Baustoff, Baukonstruktion und zu überbrückender Strecke – abweichen.

Ganz wichtig bei der Flächenbemessung ist auch die Installationsart. Werden die Verdichter im Saugverfahren eingesetzt, zeigt die Praxis, dass die Geräte nur noch für maximal 80 % der Fläche laut Herstellerangabe einzusetzen sind.

Um eine höhere Luftmenge zu erhalten, z. B. bei großen Hohlräumen, sind die Verdichter parallel zusammenzuschalten. Möchte ich jedoch einen höheren Unter- oder Überdruck erzielen, wie z. B. beim Anschluss an einen Wasserabscheider, werden die Verdichter in Reihe angeschlossen.

Werden Verdichter beim Anschluss an Wasserabscheider parallel geschaltet, so ist unbedingt darauf zu achten, dass kein höherer Unterdruck erzeugt wird und sich Verdichter unterschiedlicher Leistung nicht gegenseitig behindern. Hier unterlaufen in der Praxis immer wieder Fehler. Es besteht sogar die Gefahr, dass, wenn ein Verdichter ausfällt, der zweite Verdichter das Laufrad in Gegenrichtung ansaugt. Wird das ausgefallene Gerät wieder in Betrieb genommen, so kann es – je nach Gerätebauart – dazu kommen, dass durch die Wechselstromaufnahme das Laufrad die »verkehrte Laufrichtung« beibehält und der Verdichter seine Arbeit verkehrt herum verrichtet. Das eigentliche Ziel, Wasser abzusaugen und die technische Trocknung rasch und wirtschaftlich herbeizuführen, wird dadurch unterbunden.

Der Begriff »Turbine« hat sich in unserer Branche umgangssprachlich eingestellt. Dies mag zum Teil an der hohen Geräuschentwicklung früherer Geräte gelegen haben. Vielen ist jedoch der Unterschied zwischen Verdichtern und

Turbinen nicht bewusst, so dass auch dies zu der Namensgebung beigetragen haben könnte. Eine Turbine ist, vereinfacht gesehen, das Gegenteil eines Verdichters. In großen Ausführungen verrichten Turbinen ihre Arbeit z. B. in Kraftwerken. Dort wandeln sie die Strömungsenergie des Wassers, das auf das Laufrad trifft, zunächst in Rotationsenergie. Durch einen Generator, der die Drehbewegung aufnimmt, wird die Rotationsenergie anschließend in elektrische Energie umgewandelt.

Die nicht fachgerechte technische Trocknung hatte Restfeuchte in der Konstruktion hinterlassen, die dann über den langen Zeitraum von zwei Jahren zu einem erheblichen organischen Befall geführt hat.

Wie stark der dadurch entstandene Schaden wirklich war, konnte ich nur vermuten. Zwar hatte ich, soweit mir zugänglich, das Holzbalkenfeld über den geöffneten Deckenteil mit einem Bau-Endoskop untersucht. Dort konnte ich keinen Fruchtkörper oder Ähnliches feststellen, was auf eine eventuelle Schwammbildung hingedeutet hätte. Das gab jedoch keine Sicherheit für die gesamten Decken- und Wandkonstruktionen. Ich konnte nicht ausschließen, dass die Decke oberhalb des verbliebenen Putzes bereits von dem zerstörerischen Schimmelpilz befallen und der Bauschaden erheblich war.

In jedem Fall würde man nun die Deckenkonstruktion zurückbauen müssen, um Schädigungen durch Schwamm oder anderen organischen Befall auszuschließen. Zwar konnte man theoretisch Schimmelpilz durch desinfizierende Mittel abtöten und das abgetötete Material durch entsprechende Materialien einschließen, aber in diesem Fall war davon dringend abzuraten. In den zwei Jahren war der Schimmelpilz möglicherweise auch in den tieferen Schichten des Materials (Lehm, Holz und anderem) gekeimt und gewachsen. Dort ließ er sich über eine Benebelung mit Desinfektionsmittel nicht vollständig abtöten und könnte dann – wenn durch thermische Veränderungen eventuell irgendwann die Anschlussfugen abrissen – ungehindert in die Raumluft der Küche austreten. Das stellt grundsätzlich ein hygienisches Problem dar, und selbst das abgetötete Material kann zu gesundheitlichen Beeinträchtigungen führen.

Organischer Befall auf einer Fläche von mehr als 0,5 m^2 gilt laut Umweltbundesamt als großflächig und muss durch eine Fachfirma saniert werden. Um eine Belastung des Umfelds zu vermeiden, muss der Befall bis dahin durch geeignete Maßnahmen (Folienwand, Anstrich oder Ähnliches) eingeschlossen werden. Bei gesundheitlichen Beeinträchtigungen ist ein Arzt aufzusuchen. Während der Sanierung muss für einen ausreichenden Umgebungs- und Personenschutz gesorgt werden. Außerdem ist eine Abschlussuntersuchung mit eventueller Feinreinigung der Peripherie durchzuführen.

Die Kosten der Schadensbehebung summierten sich auf diese Weise nach und nach auf eine stattliche Summe:

Kostenberechnung	
Folienabdeckung, Herstellung einer abschirmenden Staubwand sowie weitere Schutzeinrichtungen 7 Std. à 45,– Euro	315,00 Euro
Rückbau und Entsorgung von 10 m² Deckenkonstruktion	700,00 Euro
Behandlung der tragenden Bauteile mit einem Fungizid zwecks Beseitigung restlicher Schimmelpilzmyzele etc. Arbeitsstunden und Material pauschal	160,00 Euro
Lieferung und Einbau der Deckenkonstruktion für 10 m² pauschal	650,00 Euro
Malerarbeiten für die beschädigten Tapeten und Anstriche, komplette Küche, pauschal	500,00 Euro
Ab- und Aufbau Küche, Auslagern von Möbeln etc. 8 Std. à 45,– Euro	360,00 Euro
Untersuchen der Wandkonstruktionen im 1. Ober- und im Erdgeschoss, 4 Std. à 45,– Euro	180,00 Euro
Ab- und Aufbau der abgehängten Decke, pauschal	450,00 Euro
Abschlussuntersuchung (Mikrobielle Probenentnahme)	600,00 Euro
Zwischensumme	3915,00 Euro
19 % Mehrwertsteuer	743,85 Euro
Endsumme	**4658,85 Euro**

Hinzu kämen möglicherweise Kosten für eine technische Trocknung, falls nach Rückbau der Decke noch Restfeuchte festgestellt werden würde.

Ebenfalls nicht vorhersehbar war, ob es in der Konstruktion etwa durch Schwamm zu Folgeschäden und daraufhin zu weiteren Kosten kommen würde. Bei entsprechend schwerem Befall mit organischen Substanzen würden außerdem Kosten für eine notwendige Feinreinigung der Peripherie anfallen.

Im Grunde konnte Frau Schiller also froh sein, dass es den zweiten Wasserschaden gegeben hat. Sonst wäre womöglich erst viel später aufgefallen, dass sie schon seit Längerem mit Schimmelpilzen in der Küche lebte. So war der Schaden finanzieller Art geblieben. Er würde von der Haftpflichtversicherung des Trocknungsbetriebs übernommen werden, wenn es sich nicht um einen Erfüllungsschaden des Handwerkers gehandelt haben sollte. Für diesen wiederum hätte der Betrieb dann selbst haften müssen. Die Gesundheit der Bewohner jedenfalls war nicht angegriffen – glücklicherweise!

Fazit

- Manchmal sind zwei Wasserschäden besser als einer, zumindest wenn der zweite auf die feuchten Spuren des ersten führt.
- Schimmelpilz wächst nicht über Nacht.
- »Getrocknet« heißt noch längst nicht »trocken«.
- Wenn ein Handwerker nicht weiß, wie man bestimmte Baustoffe und Baukonstruktionen richtig trocknet, sitzt er am Ende womöglich mit seiner Rechnung auf dem Trockenen.

3.9 Klimawandel im Kinderzimmer

Woher kommt der Schimmelpilz auf den Möbeln – sind die Klimaplatten schuld?

Auf solchen Möbeln möchte niemand sein Kind spielen sehen: Auf dem dunkelblauen Sofa leuchteten nicht nur die in den Stoff gewebten gelben Blumen, sondern blühten auch weiße Schimmelpilz-»Rosen«. Als der Familienvater bei der Ortsbegehung im November das Sofa im Kinderzimmer von der Wand rückte, war der Schimmelpilzbefall auf der Rückseite geradezu erschreckend (Bild 3.14). Hier müsse etwas unternommen werden, sagte er empört, und beklagte sich, dass der Vermieter sich nicht wirklich um die Wohnung kümmere.

Schon ein halbes Jahr zuvor hatte sich die Familie bei ihrem Vermieter wegen des Schimmelpilzbefalls beschwert. Daraufhin war ein Handwerksbetrieb mit der Innendämmung des 1970 erbauten Reiheneckhauses beauftragt worden. Im Juli/August waren im Schlaf- und im Kinderzimmer die Innenwände durch Klimaplatten (Calciumsilikatplatten) verstärkt worden.

Drei Monate später war der Schimmelpilz wieder da. Wieder hatten die Mieter den Hausbesitzer angerufen, und der hatte erneut den Handwerker bestellt. Die Innenwand zum Hausflur sei nicht ausreichend gedämmt, war nun die Diagnose, auch hier müsse eine Vorsatzschale aus Calciumsilikatplatten gesetzt werden. Angesichts des Kostenvoranschlags wurde der Vermieter skeptisch und bat mich als unabhängigen Gutachter um eine Einschätzung. Es gab zwei Begehungen, eine kurze, Ende November, bei der ich lediglich einmal durch die betroffenen Räume geführt wurde und Fotos der betroffenen Möbel machte, und eine zweite, gründliche, Mitte Dezember.

Bild 3.14: Erschreckender Schimmelpilzbefall: Hier möchte niemand sein Kind spielen sehen.

Calciumsilikatplatten (auch Klimaplatten)

Die Calciumsilikatplatte, auch Klimaplatte genannt, wird als Innendämmung und zur Vermeidung von Schimmelpilz eingesetzt.

Sie besteht aus natürlichen Rohstoffen wie Kalk, Quarzsand und Wasser, die mit Zellstoff vermischt und mit Hilfe von Wasserdampf zu einer gehärteten Bauplatte gepresst werden. Ähnlich wie Porenbeton werden Klimaplatten von vielen kleinen Kapillaren durchzogen und bestehen aus einem mikroporösen Gerüst. Durch den hohen Porenanteil haben sie eine geringe Dichte, sind sehr leicht und dadurch kapillaraktiv und diffusionsoffen, umgangssprachlich atmungsaktiv.

Klimaplatten sind einfach zu verarbeiten, machen den Einbau von Dampfsperre oder Dampfbremse überflüssig, können Feuchtigkeit – und zwar bis zum Dreifachen des Eigengewichts! – aufnehmen, puffern und abgeben, sind formstabil, druckfest und wirken (je nach Bauart) wärmedämmend. Die kalte Außenwand muss nicht aufgeheizt werden, vor allem bei temporär genutzten Räumen lassen sich durch schnelleres Aufheizen im Winter Energiekosten sparen. Als natürlicher (rein mineralischer) Baustoff sind Klimaplatten baubiologisch unbedenklich und können als normaler Bauschutt entsorgt werden.

Die Calciumsilikatplatte ist relativ teuer, ihre Verbreitung ist deswegen nicht sehr hoch. Im Bereich der Innendämmung steht sie in Konkurrenz zur preiswerteren Holzfaserplatte, deren Verlegung jedoch mehrere Arbeitsgänge und höheres handwerkliches Know-how erfordert, und zur Schaumstoffdämmplatte (expandierter Polystyrol-Hartschaum, z. B. »Styropor«), die eine geringere Kapillarität und eine bessere Dämmwirkung aufweist.

Innendämmung ist im Vergleich zur Außendämmung in der Regel nur die zweitbeste Lösung. Sie führt nämlich dazu, dass die außerhalb der Innendämmung liegenden Bauteilschichten kälter werden. Besonders im Winter könnte es dadurch am Übergang von der Innendämmung zur Außenwand zu einer Taupunkttemperaturunterschreitung und nachfolgend zu Schimmelpilzbildung kommen, wenn keine Austrocknung mehr erfolgen kann. Innendämmungen werden deswegen in der Regel nur dann vorgenommen, wenn von außen nicht gedämmt werden kann (zum Beispiel bei Sanierung lediglich einzelner Parteien eines Mehrfamilienhauses, bei denkmalgeschützten Fassaden, Fachwerk und anderem).

Calciumsilikatplatten allerdings haben dieses Problem nicht: Bei ihnen kommt es nicht zu Tauwasseransammlungen in der Wand, da die Verdunstungsgeschwindigkeit aufgrund des hohen Porenanteils der Oberfläche höher ist als die Kondensationsgeschwindigkeit. Eine 2,50 cm dicke Klimaplatte kann pro Quadratmeter und Stunde etwa 20 Liter (!) Wasser von der Wand zur

Oberfläche befördern! Die Taupunktverlagerung spielt bei Calciumsilikatplatten also keine oder nur eine untergeordnete Rolle.

Aufgrund ihres hohen pH-Werts (Alkalität 10 bis 11) bietet die Calciumsilikatplatte keinen Nährboden für Schimmelpilze und besitzt damit eine Art Anti-Schimmel-Wirkung. Deswegen wird sie nicht nur zur Innendämmung von Außenwänden (speziell Fachwerkbauten, Altbauten mit historischer Fassade) und als Bekleidung für baulichen Brandschutz, sondern auch zur Schimmelpilzbekämpfung eingesetzt.

Achtung! Wird die gespeicherte Feuchtigkeit nicht abgeführt, können sich mit der Zeit und einer entsprechenden Staubablagerung auch auf den Platten Schimmelpilze entwickeln.

Innendämmung mit Klimaplatten setzt jedoch eine sorgfältige Verarbeitung voraus. Die Platten werden in der Regel vollflächig verklebt, um eine Hinterlüftung und damit Tauwasserbildung sicher auszuschließen. Die Oberfläche kann dann mit Kalkzementglätte gespachtelt oder mit einem mineralischen Putz versehen werden. Auf keinen Fall darf die Oberfläche großflächig mit diffusionsabsperrenden Beschichtungen versehen werden (beispielsweise Dispersionsfarbanstrich auf Raufasertapeten). Das würde die feuchtigkeitsregulierende Wirkung der Platte beeinträchtigen. Allgemein wird als Beschichtung eine Silikatfarbe empfohlen, auch das Aufbringen leichter Papiertapeten ist möglich.

Der Zustand des Hauses machte insgesamt einen guten Eindruck. Das Mauerwerk war massiv erstellt und mit einer Doppelschale (Klinker) versehen. Es drang keine Feuchtigkeit von außen ins Gebäude, das war offensichtlich. Auch die isolierverglasten Kunststofffenster waren intakt.

In den Innenräumen war der Schimmelpilzbefall an der Couch und am Holztisch im Kinderzimmer unübersehbar gewesen, mittlerweile war allerdings gereinigt und desinfiziert worden, wie ich bei meiner zweiten Begehung feststellte. Die Wände jedoch waren auch ohne Sanierungsarbeiten in allen Räumen ohne erkennbaren organischen Befall. Ich nahm gründliche Feuchtigkeitsmessungen an allen Außenwänden und auch an der Innenwand zum Hausflur vor – und konnte keinerlei Feuchtigkeit feststellen. Auch die Temperaturmessungen ergaben keine bedenklichen Werte: Das Deutsche Institut für Normung DIN e. V. hat eine minimale Oberflächentemperatur von +12,6 °C definiert, die einen organischen Befall unwahrscheinlich macht (DIN 4108 – Wärmeschutz und Energieeinsparung in Gebäuden). Die gemessenen Werte lagen überall darüber – und das im »Altbau« bei Außentemperaturen von +5 °C. Ausblühungen oder Ähnliches, das einen Rückschluss auf von außen eindringende Feuchtigkeit zuließ, konnte ich an den Wänden ebenfalls nicht feststellen.

Doch wo kam die Feuchtigkeit her? Es lag auf der Hand: aus der Luft! Dafür gab es eine Reihe von Indizien: Ich konnte im WC oberhalb des Fensters am Anschluss des Jalousienkastens einen etwa 2,0 cm × 2,0 cm großen Fleck feststellen – organischer Befall (Bild 3.15).

Auch auf den Fensterfalzen im WC sowie im Schlaf- und Kinderzimmer fand sich leichter Schimmelpilzbefall. Ob sich hier auf den Fensterscheiben manchmal Wasser bilde, fragte ich, und die Mieterin nickte. Ihr Mann zählte zudem die vielen Stellen auf, an denen sich in der Wohnung bei dem ersten Schimmelpilzbefall vor der Sanierung im Sommer organischer Befall befunden habe: nämlich an den Ixeln (so werden im Bauwesen dreidimensionale Anschlüsse, zum Beispiel Wand-Wand-Decke, bezeichnet) der Decken im Kinder- und im Schlafzimmer sowie am Außenwandteil oberhalb des Kleiderschranks. Sogar Schuhe und Lederkleidung im Schlafzimmerschrank seien befallen gewesen.

Für die Mieter war dieses Sammelsurium betroffener Stellen unerklärbar oder mehr noch: ein Beweis dafür, dass irgendwie die ganze Wohnung feucht war, weil die Wände nicht »richtig dicht« seien. Leider irrten sie. Denn für einen Experten war jetzt offensichtlich, dass die Ursache für den Schimmelpilz nicht in der Wohnung, sondern bei den Mietern selbst zu suchen war. Denn alle betroffenen Stellen hatten eines gemeinsam: In ihnen hatte sich die viel zu hohe Luftfeuchtigkeit als Tauwasser niedergeschlagen.

Bei den Ixeln an den Zimmerdecken und an der Wand oberhalb des Kleiderschranks zum Beispiel handelte sich um sogenannte geometrische Wärmebrücken. Da die Ecken baulich bedingt kälter waren als die Wandflächen, kondensierte hier die Luftfeuchtigkeit und legte sich als Tauwasser auf die Wände (siehe Infokasten: »Luftfeuchte und Kondensation«), ein idealer Nährboden für Schimmelpilze. Auch der Jalousienkasten im WC fungierte als Wärmebrücke, der Befall ist ebenfalls auf einen

Bild 3.15: Unzureichende Lüftung ist ursächlich für den organischen Befall am Anschluss dieses Jalousienkastens.

Taupunktausfall zurückzuführen. Dasselbe gilt für die Wasserbildung auf den intakten, isolierverglasten Fenstern und für den leichten organischen Befall in den Fensterfalzen – alles deutete auf eine zu hohe relative Luftfeuchte in den Innenräumen.

Nun hatte ich bei der zweiten Begehung in den Innenräumen eine Temperatur von +20 °C und eine relative Luftfeuchte von 61 % gemessen – bei Außenwerten von +8 °C und 76 % relativer Luftfeuchte. Das waren durchaus akzeptable Werte. Die relative Luftfeuchte war leicht überhöht, aber nicht bedenklich. Doch zum Glück ließ ich mich davon nicht beeindrucken. Denn das Raumklima an jenem Begehungstag war nicht dasselbe wie in der jüngsten Vergangenheit!

So hatte ich bei der Begehung im November mitbekommen, dass die Heizungen sowohl im Kinder- als auch im Schlafzimmer vollständig abgedreht waren. Jetzt im Dezember liefen die Heizungen – übrigens intakte Konvektoren mit Thermostatventilen – auf niedrigster Stufe. Deswegen unternahm ich eine weitere Messung an einem ungewöhnlichen Ort, nämlich am Holzschrank im Kinderzimmer. Warum das? Nun, Holzfeuchte passt sich jeweils adaptiv an die Raumfeuchte an, tut dies jedoch mit einer relevanten Zeitverzögerung. Ich konnte also anhand der Feuchte des Holzes ermitteln, wie feucht das allgemeine Raumklima in der Vergangenheit gewesen war. Und siehe da: Die Messung am Fichtenholzschrank ergab Werte von ca. 14 % Holzfeuchte. Und das bedeutete bei einer Raumtemperatur von +20 °C, dass die Resorptionsfeuchte in den vergangenen 14 Tagen bei etwa 75 % relativer Luftfeuchte gelegen hatte. Und das war definitiv zu hoch!

Die weiteren Maßnahmen waren denkbar einfach: Ich empfahl den Mietern, sich ein Thermohygrometer zu kaufen. Das ist eine Wetterstation, die in einfacher Ausführung schon für wenige Euro überall im Handel angeboten wird und die nicht nur die Innen- und Außentemperatur, sondern auch die relative Luftfeuchte anzeigt. Dieses Gerät würde zwar nicht die Räume trocknen, könnte aber dabei helfen, die Wohnung richtig zu lüften. Denn das Feuchtigkeitsproblem der Familie ließ sich durch regelmäßiges korrektes Lüften spielend leicht lösen.

Richtig lüften

Zunächst sollte man sich die grundlegenden Gesetzmäßigkeiten der Luftfeuchte (siehe Infokasten: »Luftfeuchte und Kondensation«) in Erinnerung rufen:

Wenn warme Luft abkühlt, steigt die relative Luftfeuchtigkeit. Wenn kalte Luft sich erwärmt, sinkt die relative Luftfeuchtigkeit. Also: Selbst wenn es draußen regnet, schneit oder neblig ist, reduzieren Sie durch Lüften die Luftfeuchtigkeit, wenn die Außenluft kühler als die Innenluft ist und sich die Luft nach dem Lüften im Raum erwärmt.

Im Winter ist in den Innenräumen als Daumenwert ein Klima von +20 °C mit einer relativen Luftfeuchte von 50 % zu halten. Nur bei Neubauten mit guter Dämmung ist eine relative Luftfeuchte von 60 % und mehr in Ordnung. Im Sommer spielt die relative Luftfeuchte keine Rolle, da die Wände ausreichend erwärmt sind und somit kein Tauwasser anfällt.

Beim Lüften sollte man für einen kompletten Luftaustausch sorgen, indem man am besten einige Minuten querlüftet, also Fenster und Türen an zwei Raumenden gleichzeitig öffnet. Nach fünf bis zehn Minuten ist dann die gesamte Raumluft ausgetauscht. Dabei sollte eine gute Zirkulation sichergestellt werden, zum Beispiel sollten alle Vorhänge aufgezogen sein.

Vorsicht! Wenn Sie zu lange lüften, kühlt der Raum aus. Die Wandtemperatur sollte an den kältesten Stellen nicht unter +15 °C sinken. Deswegen gilt: Je kälter es draußen ist, umso kürzer sind die Lüftungszeiten. Und Sie sollten ausreichend heizen; und auch nachts oder wenn Sie in den Urlaub fahren, dürfen Sie die Räume nicht zu sehr auskühlen lassen.

Winter

Wenn ihre Fenster morgens im Winter beschlagen sind, sollten Sie sich angewöhnen, abends vor dem Schlafengehen einen kompletten Luftwechsel durchzuführen. Die Fenster beschlagen, weil sich die Luft nachts aufgrund der Nachtabsenkung der Heizung abkühlt. Die Feuchtigkeit aus der abkühlenden Luft kondensiert an den kälteren Oberflächen, also an Außenwänden oder Fenstern.

Sommer

Wenn sich im Sommer in einem Haus Schimmelpilz bildet, passiert das in der Regel in einer Souterrain-Wohnung. Beim Lüften gelangt wärmere Luft in kühlere Räume. Beim Abkühlen steigt die relative Luftfeuchtigkeit, die Feuchtigkeit kondensiert auf den Wänden. An schwülen Tagen genügen bereits

2 bis 3 Grad Abkühlung, damit sich Feuchtigkeit auf den Mauern niederschlägt! In den darüber liegenden Etagen haben die Wände meist eine ausreichend hohe Temperatur, sodass es hier nicht zu einem Taupunktausfall und entsprechendem Schimmelpilzwachstum kommt.

Küche & Bad

In der Küche, besonders in Wohnküchen, entsteht die meiste Feuchtigkeit. Man sollte deswegen eine Abluft-Dunstabzugshaube installieren und während und kurz nach dem Kochen, Wischen und Abwaschen lüften.

Im Badezimmer entsteht beim Duschen und Baden viel Feuchtigkeit. Während oder direkt nach der Nutzung sollte am besten für einen kompletten Luftaustausch gesorgt werden, im Idealfall über das geöffnete Fenster. Wenn eine Entlüftung eingebaut ist, sollte sie während der gesamten Badnutzung aktiviert sein und ausreichende Zeit nachlaufen. Eine Steuerung über einen in der Lüftung eingebauten Hygrostaten und die entsprechende Einstellung auf die relative Luftfeuchte ermöglicht eine geregelte und energiesparende Abfuhr der feuchten Raumluft.

Keller

Viele Menschen lassen die Kellerfenster im Sommer dauerhaft offen, weil sie glauben, dass durch die Wärme der Keller gut abtrocknet. Genau das Gegenteil ist der Fall: Die warme Außenluft kühlt im Keller ab und gibt nun Feuchtigkeit ab. Der Keller wird also durchs Lüften im Sommer feucht (Sommerkondensation)! Deswegen sollte man die Fenster im Sommer schließen und den Keller nur in der Nacht oder bei kälterem Wetter gut durchlüften.

Im Winter kann der Keller beruhigt gelüftet werden, damit die kältere Luft die Feuchtigkeit im Keller aufnehmen kann. Grundsätzlich sollte immer, insbesondere aber in Altbauten, für eine ausreichende Luftzirkulation gesorgt sein. Es ist daher auch sinnvoll, Regale an den Innenwänden oder in der Raummitte, jedoch nicht an den Außenwänden aufzustellen.

Schlafzimmer

Auf keinen Fall sollte man versuchen, das unbeheizte Schlafzimmer mit der Luft aus wärmeren Räumen zu heizen. Dadurch gelangt nicht nur Wärme, sondern auch Feuchte in den kühlen Raum. Die warmfeuchte Luft aus den Nebenräumen schlägt sich auf den ausgekühlten Wänden nieder und erleichtert das Wachstum von Schimmelpilz. Gut ist es, das Schlafzimmer abends und morgens ausreichend durchzulüften und während des Schlafes für Frischluftzufuhr zu sorgen, etwa indem das Fenster einen Spalt weit offen gelassen beziehungsweise bei neueren Fenstern die entsprechende Hebelstellung gewählt wird. Man bedenke: Ein Erwachsener kann in einer Nacht bis zu drei Liter Feuchtigkeit abgeben. Tagsüber muss das Schlafzimmer durchweg beheizt werden, damit die Wände genügend Wärme speichern können.

Die Temperatur im Schlafzimmer sollte nicht unter + 16 °C sinken, da es sonst zu Kondensation von Feuchtigkeit kommen kann. Am besten heizt man das Schlafzimmer deswegen gleichmäßig auf Schlaftemperatur.

Dass die Familie nicht nur zu wenig gelüftet, sondern auch zu wenig geheizt hatte, verstärkte noch das schadensfördernde Klima. Kalte Räume sind anfälliger für Schimmelpilzbildung, denn an kalten Wänden oder Ixeln sammelt sich Tauwasser, und dort finden die in der Luft ohnehin zirkulierenden Mikroorganismen idealen Nährboden. Ich empfahl der Familie auch, ihre Möbel etwas von der Wand abzurücken, damit sich die Luft hier frei bewegen und sich keine Feuchtigkeit sammeln konnte. Außerdem sollte der Vermieter die Jalousienkästen nachträglich dämmen.

Den Vermieter, der ja völlig unnötig teure Klimaplatten hatte einbauen lassen, konnte ich trösten: Die Calciumsilikatplatten hatten den Wärmedurchgang und die Feuchte-Speicherfähigkeit der Wände in jedem Fall erhöht und damit die Klimabedingungen in den Räumen verbessert. Ob der Einbau von Calciumsilikatplatten wirklich nötig war, bleibt zweifelhaft. Doch bei einer dauerhaften relativen Luftfeuchte von 75 % helfen in jedem Fall selbst die dicksten Klimaplatten nicht. Dann ist grundsätzlich von einem erneuten Befall auszugehen. Und deswegen war in diesem Fall vor allem der Mieter selbst gefragt.

Fazit

- Klimaplatten sind eine feine Sache, sorgen aber nicht für frische Luft.
- Frische Luft und ausreichendes Heizen verhindern Schimmelpilzwachstum und Feuchteschäden.
- Richtiges Heizen und Lüften will gelernt sein.
- Thermohygrometer helfen für wenig Geld, das eigene Heiz- und Lüftverhalten zu überprüfen.

3.10 Drei Handwerker, drei Meinungen

Wie spürt man die wahren Ursachen eines Wasserschadens auf und ermittelt die tatsächlichen Kosten der Sanierung?

Ein 1904 erbautes Bauernhaus wurde seit mehreren Jahrzehnten als reines Wohnhaus genutzt. Die Eigentümerin kannte das Haus seit Kindertagen und erinnerte sich noch an Zeiten, als in den zur Küche angrenzenden Räumen Schweine untergebracht waren. Irgendwann hatte man die Viehzucht aufgegeben und in den ehemaligen Stall ein Badezimmer eingebaut.

Genau an der Wand zwischen Küche und Bad kam es nun zu einer Leitungsleckage, und über einen längeren Zeitraum trat Wasser aus. Als der Defekt festgestellt wurde, war der Feuchteschaden schon sehr groß. Zwar konnte ein Installateur binnen Kurzem die Leckage in der kunststoffummantelten Kupferleitung orten (Bild 3.16), doch über die Sanierung des Feuchteschadens kam es zu Meinungsverschiedenheiten. Die Durchfeuchtung der Mauern war so erheblich und zog sich über so weite Flächen, dass der zuständige Versicherungsmitarbeiter vermutete, es gebe ein zweites Leck an anderem Ort. Das mit einer zweiten Ortung beauftragte Handwerksunternehmen, die Firma Amsel, konnte jedoch keine weitere Schadenstelle ausmachen und gab zur Trocknung und Sanierung ein Angebot ab.

Bild 3.16: Erfolgreiche Leckortung: Das Wasser tritt aus der kunststoffummantelten Kupferleitung in der Wand aus.

Leckortung bei wasserführenden Leitungen

Im Volksmund spricht man meist vom Wasserrohrbruch, dabei ist selten ein Rohr wirklich zerbrochen. Häufig handelt es sich um kleine Leckagen an alten Dichtungen oder um Korrosionsschäden. Nicht immer ist die Stelle, an der das Wasser sichtbar wird und als Feuchteschaden zum Beispiel an der Wand auftritt, mit dem Ort der Leckage identisch. Um das Leck zu finden, musste deswegen früher oft die ganze Wand oder der komplette Fußboden aufgeklopft werden. Um die Schadenstelle auszumachen, bietet sich das Ausschlussverfahren an. Das heißt, man verschließt zunächst alle Wasserhähne und beobachtet dann das Rad der Wasseruhr: Dreht es sich, gibt es ein Leck. Bei großen Leckagen ist meist auch ein Fließgeräusch wahrnehmbar.

Heutzutage gibt es eine Reihe von zerstörungsfreien Leckortungsmethoden:

Üblicherweise wird versucht, die Feuchtigkeit in Wänden, Decken und Fußböden mittels gängiger **Feuchtemessgeräte** aufzuspüren (siehe Infokasten: »Feuchtigkeitsmessung«) und sich so eine erste Übersicht zu verschaffen. Damit lässt sich die Leckage oftmals schon eingrenzen und das genaue Schadensmaß für die technische Trocknung ermitteln.

Bei einem Leck an Innenleitungen, bei dem Wasser unter mehr oder minder starkem Druck herausspritzt, kann auch die **Horchmethode** angewendet werden. Dabei werden mit elektro-akustischen Messgeräten Ausström-Geräusche aufgespürt, die durch Druckluft auf das entleerte Leitungssystem verstärkt werden können. Hochempfindliche Spezial-Mikrofone mit eingebautem Verstärker, Tastspitze und Kopfhörer kommen dabei zunächst an zugänglichen Armaturen und Leitungsteilen zum Einsatz. In einer Fein-Ortung werden mit einem Boden-Mikrofon anschließend die Flächen zwischen den Punkten mit der größten Geräuschintensität abgesucht. Bei kleineren Leckagen ist die Horchmethode allerdings sehr fehleranfällig, weil bei langsamem Wasseraustritt zu geringe Geräusche entstehen. Alternativ können aber Leckgeräusche-Verstärker oder Gasprüfverfahren eingesetzt werden.

Ein anderes Verfahren zur Leckortung bedient sich der **Thermografie**. Üblicherweise verdunstet an der Leckstelle Feuchtigkeit, dadurch kommt es an der Baustoffoberfläche zu einer Temperaturabsenkung. Mittels Wärmebildkamera können die Temperaturunterschiede zwischen trockenem und feuchtem Bereich sichtbar gemacht werden. Allerdings ist die Thermografie sehr teuer. Außerdem lässt das Verfahren offen, ob die Temperaturunterschiede tatsächlich durch Feuchtigkeit entstanden sind oder es sich um eine Wärmebrücke handelt. Bei kleineren Leckagen wird zudem nicht genug Wasser abgegeben, um einen messbaren Temperaturabfall zu bewirken. Eine diffusionsdichte Oberfläche kann zudem das Austreten von Feuchtigkeit und damit eine Temperaturänderung verhindern. Um die Leckage im thermografischen Verfahren sichtbar zu machen, wird deshalb manchmal warmes Wasser in das Kaltwasser-Netz geleitet.

Die **Spürgastechnik** hat sich vor allem bei kleinsten Leckstellen bewährt. Bei diesem äußerst einfachen Verfahren wird das zu prüfende Leitungssystem komplett entleert. Anschließend wird das Rohrsystem mit einem ungiftigen, nicht brennbaren Testgas (zum Beispiel Wasserstoff-Stickstoff) gefüllt und mit leicht erhöhtem Überdruck verschlossen. An der Leckstelle tritt das Gas nun aus. Fußböden oder Wandflächen können mit einem Testgasdetektor abgetastet werden, dessen hochempfindlicher Sensor bereits Gasspuren im einstelligen ppm-Bereich (ppm = parts per million) meldet. Doch Achtung: Das Gas kann an Stellen gemessen werden, an denen nicht die Leckage ist. Es verteilt sich oberhalb der Bodenfläche, nachdem es aus irgendeiner Bodenöffnung getreten ist.

Bei der Leckortung mittels **Farbproben** werden unterschiedliche Farbmittel in Bodenabläufe und Abwasserleitungen gestreut und anschließend bewässert. Per Sichtkontrolle kann so leicht der schadenursächliche Ablauf gefunden werden.

Kann der Feuchteschaden keiner bestimmten Schadensursache zugeordnet werden, empfiehlt sich eine **Wasseranalyse**. Hierzu wird am Schadensort eine Materialprobe entnommen und im Labor untersucht. Durch die ermittelten Inhaltsstoffe (wie Seifen, Laugen und Chlorverbindungen) lassen sich manchmal Rückschlüsse auf die Art der Leitung (Abwasser) und damit auf den möglichen Schadensort und die Schadensursache ziehen.

Die Hauseigentümerin hatte bereits zwei andere Trocknungsbetriebe, nämlich die Firma Drossel und die Firma Fink um einen Kostenvoranschlag für die Trocknungsarbeiten gebeten. Erstaunlicherweise wichen die Angebote von Amsel, Drossel und Fink in weiten Teilen voneinander ab, sowohl was die Art und Weise der Trocknung anging als auch hinsichtlich des geschätzten Aufwands und Umfangs der Arbeiten.

Last but not least hatte die für den Leitungswasserschaden zuständige Versicherung trotz der zwei ergebnislosen Ortungsversuche immer noch Zweifel daran, dass die Leitungs-Leckage auch für die weiter entfernt liegenden Wasserschäden verantwortlich sein sollte. Darum wurde ich fünf Monate nach dem Schadensfall als Sachverständiger hinzugezogen, um festzustellen, ob die vorhandenen Nässeschäden auf die Leckage zurückzuführen und ob und in welchem Umfang Trocknungs- und Sanierungsarbeiten nötig wären – wie von Amsel, Drossel und Fink vorgeschlagen.

Das Ausmaß des Schadens war unübersehbar: Im Flur hatte sich auf der Papiertapete hinter der Paneelverkleidung, die inzwischen vollständig entfernt worden war,

Bild 3.17:
Ein eindeutiges Zeichen für Feuchtigkeit: Auf der Papiertapete hinter der Paneelverkleidung hat sich großflächig Schimmelpilz gebildet.

großflächig Schimmelpilz gebildet (Bild 3.17). Ein eindeutiges Indiz für Feuchtigkeit! Die elektronischen Feuchtemessungen bestätigten nicht nur an dieser, sondern auch an allen relevanten Zwischenwänden erhöhte Feuchtewerte und stellenweise sogar stark durchfeuchtete Baustoffe. So war die Wand zwischen Küche und Bad, in der die schadhafte Leitung verlief, vor allem auf der Küchenseite extrem feucht, ebenso wie die Wand zwischen Küche und Flur – auch hier war die Küchenseite stärker durchfeuchtet als die Flurseite.

Die Wand zwischen Flur und Gästezimmer zeigte ebenfalls erhöhte Feuchtewerte, allerdings nur punktuell, und zwar vor allem in Bodennähe – das aber von beiden Seiten. Dasselbe galt für die Wand zwischen Bad und Gästezimmer: hohe Feuchtewerte in Bodennähe von beiden Seiten.

Zur Sicherheit maß ich auch die Feuchtewerte in den darunterliegenden Kellerräumen und konnte in allen Bereichen, auch in denen, die sich nicht unmittelbar in Schadensnähe befanden, Feuchteschäden feststellen. Allerdings entdeckte ich auch Salzschäden, was ich als deutlichen Hinweis darauf wertete, dass der Feuchteschaden im Keller nicht erst durch das Leitungsleck entstanden, sondern älteren Datums war. Insgesamt zeigte der Keller einen Gesamtzustand, der dem Alter des Hauses entsprach. Es war offensichtlich, dass man zum Zeitpunkt der Erstellung für keine oder höchstens für eine unzureichende Bauwerksabdichtung gesorgt hatte, was dem Stand der Bautechnik 1904 entsprach.

Mit großer Sorgfalt prüfte ich im Keller den Feuchtigkeitsgehalt der Wände an den Übergängen zur Erdgeschossdecke, die im Wesentlichen trockene Baustoffe aufwiesen, und konnte somit ausschließen, dass die Schäden im Erdgeschoss durch aufsteigende Feuchtigkeit entstanden waren.

Kapillares Saugverhalten/aufsteigende Feuchtigkeit

Das kapillare Saugverhalten und somit die maximale Steighöhe von Wasser in mineralischen Bausubstanzen wird von verschiedenen Faktoren beeinflusst.

Wesentlich für die Steighöhe ist das Kapillargefüge eines Baustoffs: Mikrokapillaren ermöglichen eine maximale Steighöhe von 25 m, Mesokapillaren eine maximale Steighöhe von 7,5 m und Makrokapillaren eine maximale Steighöhe von 0,75 bis 25 cm – das alles theoretisch und abhängig von weiteren Einflussfaktoren. Denn auch der Kapillardruck, der Fließwiderstand und die raumseitige Verdunstungsoberfläche des Bauteils sind für die Steighöhe von Bedeutung.

Ein Schwamm hat bekanntlich ein hohes kapillares Saugverhalten. Auch Papier saugt gut und schnell. Beton hat dagegen ein geringeres kapillares Saugverhalten, Stahl so gut wie gar keins.

Aufsteigende Feuchtigkeit im Mauerwerk kommt vor allem bei alten Gebäuden vor, in denen üblicherweise keine horizontale Abdichtung vorgenommen wurde. Keller wurden früher bewusst feucht gehalten, damit der Raum im Sommer durch die Verdunstung aus Boden und Wand kühl blieb und damit im Winter die dort gelagerten Äpfel und Kartoffeln nicht schrumpelten. Durch gute Lüftung wurde die Raumluft in den ungeheizten Kellern auf einem stabilen Feuchtigkeitsniveau und auf niedriger Temperatur gehalten, sodass sich kein organischer Befall einstellen konnte.

Durch anderes Nutzungsverhalten werden Keller von Altbauten heute oft nicht mehr ausreichend gelüftet beziehungsweise ihre Raumtemperatur zu hoch gehalten, sodass durch die vorhandene Feuchtigkeit Schäden entstehen können. Die vielerorts gängige Abdichtung der Mauern oder das Verschließen der Wandoberfläche durch Materialien wie Fliesen oder diffusionsdichte Anstriche verhindern die Feuchteabgabe und somit den Feuchteaustausch mit der Raumluft. Die Feuchtigkeit steigt hinter der Innenabdichtung in der Wand auf – je nach Kapillarverhalten des Mauerwerks und Diffusionsmöglichkeiten in höheren Bereichen theoretisch sogar bis hinauf zum Dachstuhl. Wer das vermeiden will, verzichtet auf abdichtende oder versiegelnde Baustoffe und lernt zu lüften! Der Altbau wird es danken!

Tatsächlich konnte ich nach diesen Messungen mit Sicherheit feststellen, dass die Feuchteschäden im Erdgeschoss aus der Leitungsleckage in der Küche herrührten – ebenso die betroffenen Schadstellen in den von der Leckage anscheinend weit entfernten Wänden zwischen Flur und Gästezimmer. Das Wasser, das aus der Leitung in der Küchenwand hinausgetreten war, hatte sich seinen Weg gesucht: In Küche und Bad war die Wand von beiden Seiten bis auf eine Höhe von 1,60 m gefliest, also mit einer diffusionsdichten Oberfläche versiegelt. Die fliesenfreie Fläche darüber war mit einem ebenfalls nur eingeschränkt diffusionsoffenen Anstrich versehen. Das Wasser in der Wand konnte also nicht vegetativ abtrocknen und stieg kapillar über die Oberkante des Fliesenspiegels.

Der Estrich in der Küche war nicht schwimmend, sondern im Verbund verlegt worden. Das Wasser konnte sich daher nur schwer einen Verteilungsweg in der Trittschalldämmung suchen und musste, auch aufgrund seiner langen Laufzeit aus der Leckage, stattdessen auf andere Wege ausweichen: Es widersetzte sich gewissermaßen der Schwerkraft, stieg auf und wanderte durchs Haus, und zwar, indem es sich von der Mauer aufsaugen ließ wie von einem Schwamm.

Die Wände des Bauernhauses waren aus Ziegelsteinen gemauert. Das Porengefüge des Ziegels lässt sehr hohe kapillare Steighöhen zu, da es im Wesentlichen aus Mikro- und Mesokapillaren besteht. Die hohe Salzbelastung des Mauerwerks, die noch aus den Zeiten der Schweinezucht herrührte, dürfte den Wassertransport unterstützt haben. Der Leitungsverlauf 30 cm über dem Fußpunkt der Wand ermöglichte einen Verteilspielraum auf der Wandfläche zum Bad, Flur und Gästezimmer. Das Zusammenspiel der Faktoren machte die Durchfeuchtung der Bauteile in dieser Höhe und Weitläufigkeit der Umgebung möglich. Das erklärt, warum oberhalb des Fliesenspiegels die Feuchtigkeit so deutlich erkennbar war, obgleich der Leitungsschaden etwa 1,50 m weit darunter lag (Bild 3.18). Ein gezogener Bohrkern, den ich im Labor auf Wasser und Salzgehalt untersuchen ließ, bestätigte die Feststellungen auf der Baustelle.

Bild 3.18:
Das Zusammenspiel vieler Faktoren macht es möglich: Oberhalb des Fliesenspiegels ist die Feuchtigkeit deutlich erkennbar, obgleich der Leitungsschaden etwa 1,50 m tiefer lag.

Salzbelastung des Mauerwerks

Wenn in den Wänden aufsteigendes Wasser verdunstet, können im Mauerwerk vorhandene Salze auskristallisieren. An den Kontaktstellen von Mauerwerk und stickstoffhaltigen, meist organischen Stoffen (zum Beispiel Fäkalien oder Stalldung bei Tierhaltung), kommt es zu chemischen Reaktionen und zu Ausblühungen, landläufig »Mauerfraß«. Dieser Vorgang kann, je nach Belastung, zur allmählichen Zerstörung des Mauerwerks führen, er ruft jedoch immer ein optisches Schadensbild hervor.

Das Mauerwerk wird auch durch Salze angegriffen, die zum Beispiel infolge von Düngung in der Landwirtschaft mit Feuchtigkeit von außen eindringen. Ein weiteres Schadensbild kann sich durch den Verbau von »neuem« Zement an alten gipshaltigen Steinen oder Mörteln einstellen. Hier entsteht der sogenannte »Zementbazillus« – es bildet sich Ettringit.

Im Denkmalschutz haben sich zahlreiche Verfahren etabliert, die mit unterschiedlicher Wirkungsweise die Salzbelastung eines Bauwerks reduzieren.

In der Beurteilung der Schadensursache ging ich also mit den befragten Handwerksbetrieben konform: Wir waren uns einig, dass die Feuchteschäden im Erdgeschoss eine Folge der Leitungsleckage waren. Doch was die Frage der Trocknungs- und Sanierungskosten anging, hatte ich eine etwas andere Sicht:

Die Firmen Amsel und Fink hatten nämlich beide auch eine Kellersanierung in ihren Kostenvoranschlag eingeplant. Doch die Feuchteschäden im Keller standen in keinerlei Zusammenhang mit dem Wasserschaden. Hier handelte es sich um Feuchtigkeit, die nicht aus der oberhalb liegenden Leitung hinabgelaufen, sondern aus dem Erdboden in das Mauerwerk gelangt war. Schließlich hätte ich ja andernfalls gerade an den Übergängen von der Decke zu den Wänden mehr Feuchtigkeit als in Bodennähe feststellen müssen. Die Kellersanierung gehörte demnach nicht in den Haftungsbereich der Versicherung, sondern wäre, wenn gewünscht, alleinige Sache der Hauseigentümerin gewesen.

Und auch die Firma Drossel hatte Maßnahmen vorgeschlagen, die ich nicht für angemessen hielt: Man wollte über mehrere Adsorptionstrockner den Trocknungsprozess beschleunigen. Das schien mir wenig aussichtsreich. Denn die Verdunstungsoberfläche der betroffenen Wände war aufgrund des Fliesenspiegels in Küche und Bad viel zu klein. Die Trocknung hätte also allein über die benachbarten Wände im Flur und Gästezimmer erfolgen müssen und hätte demnach so gut wie keinen Erfolg gezeigt. Vielmehr wäre es dafür notwendig gewesen, alle betroffenen und freiliegenden, also nicht verfliesten Wandflächen vom Putz zu befreien und etwa sieben Tage lang technisch zu trocknen – insgesamt etwa 12 m^2 Fläche. Dieser Trocknungsprozess war mit Kondenstrocknern und Ventilatoren wesentlich wirtschaftlicher durchzuführen.

Abschließend sollten die Putzflächen mit einem Sanierputzsystem instandgesetzt und mit einem diffusionsoffenen Wandbelag (Tapete, Farbe) erneuert werden. So konnte aus dem umliegenden Mauerwerk die nachziehende Feuchtigkeit ohne Schaden abdampfen.

Die Paneelverkleidung im Flur sollte von einem Tischlerbetrieb auf mögliche Schadensbilder untersucht und gegebenenfalls erneuert werden. Auch die an die Wand angrenzenden Holzdielen sollten zur Sicherheit hochgenommen und das darunter befindliche Holz untersucht werden. Möglicherweise hatte sich nämlich auch hier das Wasser einen Weg gesucht – Zeit genug hätte es dafür jedenfalls gehabt. Und auch Holz verfügt über eine erhebliche kapillare Saugkraft, die nicht zu unterschätzen ist.

Fazit

- Wasser wandert, wenn es nicht verdunsten kann.
- Auch ein Stein kann saugen wie ein Schwamm, wenn er über die richtigen Kapillaren verfügt.
- Wasser kann Salze zum Blühen und Mauern zum Bröckeln bringen – der Volksmund spricht von »Mauerfraß«.

3.11 Vor den Flammen gerettet, vom Wasser zerstört? Erst brennt das Anwesen, dann steht ihm das Löschwasser bis zum Hals – ist das Haus noch zu retten?

Eigentlich war alles noch einmal gut gegangen: In der edlen Seniorenvilla Lohenstein war an einem Donnerstag im Oktober im Schlafzimmer von Bewohner Becker ein Feuer ausgebrochen. Rauchmelder hatten das Unglück frühzeitig gemeldet, sodass die Feuerwehr den Brand löschen konnte, bevor die Flammen auf benachbarte Zimmer oder gar Wohnungen überschlagen konnten. Kein Bewohner war zu Schaden gekommen, nur die Möbel und das Parkett im Schlafzimmer waren verbrannt. Herr Becker hatte übergangsweise eine andere Wohnung bezogen, schließlich musste sein Appartement erst wieder hergestellt werden.

Neben Feuer und Rauch hatte vor allem das Löschwasser Schadensteufel gespielt und seine Spuren hinterlassen: Nicht nur an Herrn Beckers Wänden gab es Feuchteschäden, sondern auch bei Frau Schuster in der darunterliegenden Wohnung war eine Renovierung notwendig geworden: Das Löschwasser war durch die Schlafzimmerdecke getropft.

Ein Mitarbeiter der zuständigen Gebäudeversicherung hatte gleich am nächsten Tag, also am Freitag, den Schadensort besichtigt und einen Handwerkerbetrieb mit der Abgabe eines Angebots zur Brandschadenssanierung beauftragt. Auch der Handwerker reagierte schnell: Schon am Montag legte er besagtes Angebot vor, und am selben Tag wurde es von der Versicherung freigegeben. Bereits am Dienstag hätte man also mit den Arbeiten beginnen können.

Doch Herr Becker war nicht bereit, die Handwerker in die Wohnung zu lassen. Er hatte den Eindruck, dass der Schaden nicht gründlich genug analysiert worden war und in eiligem Aktionismus vorschnell und nur oberflächlich behoben werden würde. Er beauftragte ein zweites Handwerksunternehmen mit einem Alternativangebot. Und tatsächlich, Herrn Beckers Befürchtungen schienen sich zu bewahrheiten: Zwei Wochen nach dem Brandtag legte der zweite Handwerksbetrieb nicht nur ein teureres Angebot vor, sondern verwies – was viel schlimmer war – auf eine Entdeckung, die knapp zwei Jahre zuvor bei Renovierungsarbeiten gemacht worden war und die kaum schlimmer hätte sein können: In der Deckenkonstruktion zwischen Frau Schusters und Herrn Beckers Wohnung war damals organischer Befall entdeckt worden – Hausschwamm!

Zwar war der Schaden damals saniert worden, aber aus Kostengründen nur unzureichend. Das wusste der zweite Handwerksbetrieb eben deshalb, weil auch er damals ein Angebot abgegeben, aber den Auftrag nicht bekommen hatte. Bei Befall durch Hausschwamm können einzelne Sporen leicht überleben und durch Zufuhr von Feuchtigkeit (wie in diesem Fall durch das Löschwasser) wieder aufblühen – auch zwei Jahre nach dem ursprünglichen Befall. Bei einer fachgerechten

Hausschwamm-Sanierung werden deswegen alle befallenen Bauteile ausgetauscht. Das war hier damals nicht geschehen.

Hausschwamm

Echter Hausschwamm, oft auch Tränender Hausschwamm genannt, lat. Serpula lacrymans, ist eine Pilzart, die – ähnlich wie der Schimmelpilz – bei warmer Luft (+18 bis +22 °C) und mindestens 45 % Holzfeuchte ideale Lebensbedingungen vorfindet. Der Hausschwamm ist als einziger Pilz in der Lage, die Feuchte aus einer durchnässten Wand abzuleiten und damit fast trockenes Holz zu befeuchten. Ihm wird nachgesagt, er könne ausschließlich durch Luftfeuchte wachsen. Dies ist jedoch in der Praxis widerlegt worden. Der Hausschwamm durchwächst das Mauerwerk, wobei er hierfür wenig Materialfeuchte benötigt. Bei freiem Wasser beziehungsweise sehr nassen Baustoffen wächst kein Hausschwamm, wie zahlreiche Praxisfälle gezeigt haben.

Bild 3.19: Ein selten schönes Exemplar: Der Hausschwamm ist eine Pilzart, die Holz in relativ kurzer Zeit komplett zerstören kann.

Der Pilz zählt zu den am meisten gefürchteten Schädlingen in Gebäuden und siedelt sich auf Holz an, das er als Nährboden nutzt und komplett zerstören kann. Als Holzfäulepilz wird der Echte Hausschwamm extrem gefürchtet, weil er binnen weniger Monate stabile Balkenkonstruktionen zum Einbrechen bringen kann.

Befall durch Echten Hausschwamm ist oft lange nicht erkennbar, denn er wächst im Verborgenen. Wenn man ihn sieht, ist schon alles zu spät. Der Fruchtkörper wird in der Regel erst nach zwei bis drei Jahren gebildet. Zunächst ist nur ein weißer Filz erkennbar, in dessen Mitte sich langsam eine leichte, ockergelb scheinende Verfärbung zeigt. Auf der bald labyrinthischen, braunen Oberfläche entstehen dann die Sporen. Wenn man die auffallenden Fruchtkörper des Hausschwamms erkennen kann, ist der Prozess meist schon (zu) weit fortgeschritten: Der Pilz hat dem Holz in dieser Phase mittels Enzymen bereits die faserige, helle Cellulose entzogen und nichts als bröckelige, braune Substanz zurückgelassen – typische Zeichen einer sogenannten Braun- oder Destruktionsfäule mit der Folge von Würfelbruch.

Die Belastbarkeit des Holzes ist in diesem Zustand längst nicht mehr gegeben, Dielenböden brechen ein, tragende Balken knicken wie Streichhölzer um, ehemals stabile Rahmen lassen sich mit dem Fingernagel eindrücken.

Befall mit dem Echten Hausschwamm gilt als schwerer Baumangel, er ist allerdings nur noch in zwei Bundesländern meldepflichtig, nämlich in Sachsen und Thüringen. Bei Objekten mit sichtbarem Hausschwammbefall muss unbedingt eine Stabilitätsprüfung erfolgen. Durch die von ihm verursachten Bauschäden können sich große Gefahren für den Menschen ergeben. Aufgrund von Einsturzgefahr werden befallene Gebäudeteile deswegen in der Regel vorbeugend evakuiert.

Die Sanierung von Hausschwamm-Befall ist sehr aufwändig und kompliziert. Für die Sanierung sind zwei Regelwerke maßgeblich heranzuziehen. Zum einen die DIN 6800-4 (Holzschutz Teil 4: Bekämpfungs- und Sanierungsmaßnahmen) und das WTA Merkblatt »Der Echte Hausschwamm« herausgegeben von der Wissenschaftlich- Technischen Arbeitsgemeinschaft für Bauwerkserhaltung und Denkmalpflege e. V.

Nach den vorgenannten Regelwerken ist folgendes Vorgehen die Voraussetzung für eine erfolgreiche Sanierung:

1. Die Feuchtequelle ist zu beseitigen und die Bauteile sind zu trocknen.
2. Alle zugänglichen Myzelien, befallene Baustoffe/Inventar und Fruchtkörper sind zu entfernen.
3. Holzbauteile, die geschädigt oder durch den Pilz bewachsen wurden, sind auszubauen.
4. Die Holzbauteile, die im Gefährdungsbereich belassen werden, sind mit einem zugelassenen Holzschutzmittel zu behandeln.
5. Alle sonstigen verbleibenden mineralischen Bauteile wie z. B. Mauerwerk, Decken, Säulen aus Mauerwerk, etc. sind mit einem zugelassenen Schwammsperrmittel zu behandeln.

Der Hausschwamm kann außerdem im Heißluftverfahren bekämpft werden (DIN 6800/4). Eine Bekämpfung mit Heißluft gilt jedoch als Sonderverfahren und ist schriftlich zwischen allen verantwortlichen an dem Bau beteiligten Personen zu vereinbaren.

Neben dem Heißluftverfahren gehören noch das Mikrowellenverfahren und das Infrarotverfahren zu den thermischen Sonderverfahren.

Als chemisches Sonderverfahren zur Bekämpfung des Echten Hausschwamms ist das Begasungsverfahren mit Sulfuryldifluorid (SO_2F_2) aufzuführen.

Zur Sanierung wird hierzulande zunächst eine gründliche Gebäudetrocknung vorgenommen. In trockener, gut gelüfteter Umgebung stirbt der Pilz früher oder später von allein, denn er mag keine Zugluft. Befallene Holzteile werden zudem großzügig – mit etwa einem Meter Abstand zum sichtbaren Befall – ausgeschnitten und durch stabile gesunde Baustoffe ersetzt. Bei Schüttungen muss 1,5 m in jede Richtung zurückgebaut werden. Auch hier gelten die Regeln nach der DIN 6800/4.

Ursache für Befall durch Hausschwamm ist stets Feuchtigkeit, sei es durch falsche Lagerung von feuchten Holzteilen, aufsteigende Feuchtigkeit, Leitungsschäden, Regenwassereintritt durch defekte Bauteile oder jede andere Art von Feuchteschaden. Vor allem Altbauten sind betroffen, aber auch Neubauten mit Kondenswasser an Wärmebrücken oder ungeplanten Wassereintrittstellen sind vor dem Hausschwamm nicht gefeit.

Mithilfe wurzelartiger Organe, sogenannten Rhizomorphen, kann der Pilz mit wasserleitenden Gefäßen über einige Meter hinweg Feuchtigkeit transportieren und auf diese Weise sogar scheinbar Mauerwerk, Putz und älteren Beton durchwachsen – dies jedoch in Wirklichkeit natürlich nur durch die Fugen, Ritzen und Durchbrüche. Mit einer Art Trockenstarre kann der Schwamm über einen mehrjährigen Zeitraum ohne Feuchtigkeit auskommen und bei entsprechender Wasserzufuhr plötzlich wieder aufkeimen.

Am Tag 28, also genau vier Wochen nach dem Brand, wurde ich zur Beurteilung des Schadensfalls dazugerufen. Neben den zu erwartenden Rauchabschlägen auf den Baustoffoberflächen entdeckte ich tatsächlich schon bei bloßer Inaugenscheinnahme sofort ein deutliches Indiz für erhöhte Feuchtigkeit: An der Wand zwischen Schlafzimmer und Flur, die aus einer Leichtbaukonstruktion mit Gipsplatten in Tafelbauweise bestand, fand sich neben dem Ruß auch organischer Befall.

Das Parkett war beim Brand so sehr beschädigt worden, dass man es komplett entfernt hatte. Ohne Bodenbelag standen wir auf schwimmend verlegtem Zementestrich, den ich zu Prüfzwecken in der Nähe des Brandherds öffnen ließ. Unter dem 5,0 cm dicken Estrich fand sich eine Trennfolie, darunter etwa eine 1,0 cm dicke Mineralwolle auf 3,0 cm starken Holzdielen, die wiederum auf 25 cm hohen Holzbalken verlegt waren. Von der Unterseite, also im Schlafzimmer Frau Schusters, hatte man in zweifacher Lage Gipskartonplatten als Deckenverkleidung dagegengesetzt. In den Gefachen war ebenfalls Mineralwolle verbaut worden.

Bei meinen elektronischen Feuchtemessungen konnte ich feststellen, dass die Bodenkonstruktion rund um den Brandherd etwa bis zur Zimmermitte erhöhte Feuchtewerte aufwies. Allerdings ergaben die Messungen in den beiden Bodenöffnungen keine erhöhten Werte, obgleich sie sich in den am stärksten durchfeuchteten Stellen befanden. Das bedeutete, dass die Feuchtigkeit nicht durch den Estrich hindurch in die Mineralwolle gelangt war. Lediglich in den Randbereichen war das Löschwasser durch die Deckenkonstruktion in die unterliegende Etage gedrungen.

Angesichts der Feuchtewerte hätte ich normalerweise Entwarnung gegeben und eine gängige technische Trocknung empfohlen. Für eine Trocknung der bis auf eine Höhe von etwa 40 cm sehr stark durchfeuchteten Gipskartonwand hätte man etwa 400,– Euro aufbringen müssen und für eine Trocknung der massiven Wände, die nur bis auf eine Höhe von 20 cm erhöhte Feuchtewerte aufwiesen, etwa 600,– Euro. Und auch für die nur leicht durchfeuchtete Boden- bzw. Deckenkonstruktion hätte eine technische Trocknung locker ausgereicht und Kosten von etwa 1 300,– Euro bedeutet. Doch jetzt würden die Kosten weitaus höher ausfallen als 2 300,– Euro plus Mehrwertsteuer!

Schuld war zum einen der Echte Hausschwamm beziehungsweise die nicht fachgerechte Sanierung zwei Jahre zuvor, aber vor allem die lange Verzögerung der aktuellen Trocknungs- und Sanierungsarbeiten. Wäre eine technische Trocknung unmittelbar nach Schadenseintritt, also spätestens vier Tage nach dem Brand eingeleitet worden, hätte ein möglicherweise noch in der Deckenkonstruktion schlummernder Hausschwamm sich vermutlich nicht neu ausbilden können. Nach den vier Wochen, die inzwischen vergangen waren, musste aber davon ausgegangen werden, dass sich der Pilz bereits ausreichend mit Feuchtigkeit und Nährstoffen eingedeckt hatte und eine einfache Trocknung nun nicht mehr ausreichte. Es ging also nicht mehr um die simple Messung von Feuchtewerten, sondern um eine sichere Diagnose von schwersten Baumängeln.

Um sicherzustellen, dass das Gebäude durch die Löscharbeiten keinen substanziellen Schaden genommen hatte oder durch im Verborgenen aufblühenden Hausschwamm eines Tages nehmen würde, mussten nun vorsichtig erste Rückbaumaßnahmen ergriffen werden:

Auf der gesamten etwa 16 m² großen Schlafzimmerfläche mussten sowohl die Estrichplatte als auch die Dämmung entfernt werden. Natürlich hätte technisch gesehen auch die halbe Estrichplatte, nämlich der durchfeuchtete Teil gereicht, aber dieses Stückwerk wäre letztlich teurer gekommen als der komplette Rückbau.

Die Randbereiche an den Wänden waren in einer Spannbreite von etwa 80 cm zu öffnen, das Dämmmaterial zu entfernen und die Deckenbalken auf Schwamm- und/ oder mikrobiologischen Befall zu prüfen. Sollte man fündig werden, würden auch im Rauminneren weitere Gefache, also die zwischen den Holzbalken befindlichen Hohlräume, geöffnet und geprüft werden müssen.

Außerdem waren die Gipskartonplatten von der Unterseite der Schlafzimmerdecke zu entfernen und zu prüfen. Bei organischem Befall würde man sie komplett erneuern müssen.

14 Tage später wurde ich erneut zur Ortsbegehung gerufen, um die Rückbauten zu beurteilen und das weitere Vorgehen zu besprechen. Der Estrich mit Dämmung und Trennfolie war komplett entfernt worden. Die bei den Renovierungsarbeiten vor zwei Jahren erneuerten Dielenbretter zeigten sich in gutem trockenen Zustand. Tiefenmessungen in den Randbereichen ergaben jedoch in der Dämmung und an den Holzbalken eine mittlere Durchfeuchtung. Und auch im mittleren Raumbereich, an der historisch belassenen Decke mit Lehmdämmung ergaben sich leicht erhöhte Feuchtewerte. Offenbar war aufgrund der langen Durchfeuchtung (mittlerweile waren ja sechs Wochen vergangen) das Wasser durch die Kapillaren der Lehmschüttung gekrochen. Hier würden ein kompletter Rückbau und die Entfernung von Mineralwolle und Lehm unvermeidlich sein. Die darunterliegenden Spanplatten wären dann gewissenhaft auf Feuchtigkeit zu prüfen und gegebenenfalls zu erneuern. Die Holzbalken würde man nach Herausnahme der Dielung technisch trocknen und in Rücksprache mit einem Holzsachverständigen mittels Holzschutzmittel imprägnieren können.

Was die mit Gipskarton doppelt beplankte Wandkonstruktion zum Flur hin anging, konnte ich in gewisser Weise Entwarnung geben: Es würde genügen, die Gipsplatten auf der Schlafzimmerseite und die Mineralwolldämmung zu erneuern, wobei die Gipsbeplankung zum Flur hin gewissenhaft mit einem Desinfektionsmittel gegen mikrobiologischen Befall abgerieben werden sollte – es sei denn, es zeigte sich nach dem Rückbau doch noch ein stärkerer Befall.

Die Spanplattenschalung an Frau Schusters Schlafzimmerdecke konnte komplett erhalten werden. Sie war intakt und musste nur sicherheitshalber noch einmal gründlich auf organischen Befall geprüft werden.

Am Ende blieb eine Frage allerdings unbeantwortet: Hätte die schnelle Reaktion der Versicherung und des ersten Handwerksunternehmens ausgereicht, um ein Aufkeimen des Hausschwamms sicher zu verhindern? Seit dem Brand am Donnerstag bis zum Trocknungsbeginn am Dienstag wären immerhin fünf Tage vergangen; die technische Trocknung hätte etwa zwei Wochen gedauert. Oder war es nur gut, dass Herr Becker die Arbeiten blockiert hatte? Schließlich war der schlummernde Hausschwamm nur dadurch ins Bewusstsein gerückt, weil er zufällig das schon zwei Jahre zuvor mit der Renovierung beauftragte Handwerksunternehmen um einen Kostenvoranschlag gebeten hatte.

In jedem Fall hatte man nicht nur den teureren, sondern auch den sicheren Weg gewählt – wenn auch unfreiwillig.

Fazit

- Manchmal ist es eine Frage von wenigen Tagen, ob eine technische Trocknung ausreicht oder nicht.
- Steter Tropfen höhlt nicht nur den Stein, sondern nährt auch den Echten Hausschwamm.
- Echter Hausschwamm sollte nie unterschätzt werden.

3.12 Wenn die Leitung zum wiederholten Male tropft und der Mieter tobt

Welche Trocknungsart empfiehlt sich?

Bei einem Pechvogel kommt ein Unglück selten allein, manchmal kommt es in Gesellschaft des Vogels Strauß. Denn der steckt angesichts eines Problems einfach den Kopf in den Sand – und so kann das Unglück ungestört weiter seinen Lauf nehmen. Gleich mit mehreren Vögeln dieser Art hatte ich es bei einem Schadensfall in einem Mehrfamilienhaus zu tun.

Ende Juli hatte es in der Wohnung von Herrn Oertel einen Leitungswasserschaden gegeben, den die ortsansässige Fachfirma Werder zunächst geortet und dann repariert hatte, um schließlich auch die notwendigen Trocknungsarbeiten zu erledigen. Obgleich die Rechnung letztlich höher ausfiel, als von der Firma zunächst angegeben, zahlte die Versicherung ohne Murren. So weit, so gut.

Doch Mitte Oktober entdeckte Herr Oertel in seiner Wohnung unweit der alten Schadenstelle erneut einen Feuchteschaden: An der Raufasertapete im Flur waren Verfärbungen zu erkennen. Er rief die Hausverwaltung und die Firma Werder an, die sich bei einem gemeinsamen Ortstermin darauf verständigten, dass es sich bei den Verfärbungen um Restfeuchte aus dem Wasserschaden im Sommer handelte. Der Wohnungseigentümer, die Verwaltung und der Fachhandwerker beschlossen, eine Beobachtungszeit von 14 Tagen abzuwarten.

Zwei Wochen vergingen. Doch die Flecken waren immer noch sichtbar, und Herr Oertel entdeckte hinter dem Flurspiegel sogar Stockflecken (Bild 3.20) und im unteren Bereich der Wand eine starke Durchfeuchtung (Bild 3.21). Die Firma Werder diagnostizierte eine »nicht einmal geringfügige Austrocknung« und leitete Anfang November gezielte Trocknungsmaßnahmen ein: Die feuchten Tapeten und die von Nässe angegriffenen Fußleisten wurden entfernt, eine Folienwand gespannt, um das zu trocknende Raumvolumen zu verkleinern, und Trocknungsgeräte installiert.

Die Geräte liefen 14 Tage. Doch wieder stellte sich keine Besserung ein. Im Gegenteil: Mittlerweile zeigten sich auch schon im Holzparkett deutliche Wasserschäden. Jetzt äußerte die Fachfirma Werder erstmals den Verdacht, es handele sich vielleicht doch nicht um Restfeuchte, sondern möglicherweise liege ein weiterer Leitungsschaden vor. Die Frage war nur: Wo?

Im Sommer war der Leitungsschaden in Herrn Oertels Badezimmer aufgetreten, und die Feuchtigkeit hatte sich von dort über den Lüftungsschacht durchs ganze Haus bis in den Keller ausgebreitet. Die Firma Werder hatte, da überall eine Durchnässung vorlag, auf allen Etagen und im Keller Trocknungsgeräte aufgestellt.

Bild 3.20:
Hinter dem inzwischen abgehängten Flurspiegel lassen sich kreisrunde Schimmelpilzflecke erkennen.

Bild 3.21:
Sollte die starke Durchfeuchtung im unteren Bereich der Wand Restfeuchte sein? – Niemals!

Durchfeuchteter Leitungsschacht

Ein Leitungsschacht ist am besten im Saug-/Druckverfahren zu trocknen (Schachttrocknung). Hier werden an der stärker durchfeuchteten Schadensstelle unterhalb der Leckage (wenn möglich) ein Verdichter im Saugverfahren angesetzt und am anderen Ende des Schachts ein Adsorptionstrockner angeschlossen, sodass die trockene Luft des Adsorbers durch den Schacht gezogen wird. Verläuft der Schacht über mehrere Etagen, müssen eventuell auch auf den dazwischen liegenden Ebenen Verdichter an den Schachtverlauf angeschlossen werden.

Es sollte vermieden werden, den Aufbau so zu installieren, dass die durchfeuchtete Schadenstelle an der Druckseite liegt. Dadurch würde die mit Feuchtigkeit angereicherte Luft durch den Schacht geführt, was zu einer längeren Trocknungszeit und unter Umständen zu Kondensatausfall im Schacht führen könnte. (Bei hoher Durchfeuchtung kann es auch zu einem Feuchtigkeitsstau und Kondensatausfall an Warmwasserleitungen kommen. Ansonsten besteht die Gefahr von Kondensatbildung insbesondere an »kalten« Leitungen, wie z. B. Kaltwasserleitungen, Gussrohren, aber auch an Fallleitungen aus Kunststoff.)

Eine Gefahr für Leib und Leben besteht bei älteren Thermen im Badezimmer und wenn der zu trocknende Schacht eine Verbindung zum Badezimmer besitzt, was nicht sein darf. Hier ist es in sehr seltenen Fällen möglich, dass über die Luftverbindung Abgase der Therme zurück in das Badezimmer gesaugt werden und es somit zu einer gefährlichen Anreicherung der Innenraumluft mit Kohlenmonoxid kommt.

Doch bei der erneuten Überprüfung der alten Schadenstelle konnte die Firma Werder jetzt im Herbst im Bad von Herrn Oertel keine Leckage feststellen. In diesem Stadium der Arbeiten oder besser »Nicht-Arbeiten« informierte Herr Oertel seine Versicherung, schließlich wollte er, dass der Schadensregulierer die Kosten der bisherigen Trocknung, aber auch der weiteren Arbeiten, übernahm. Doch die Versicherung zeigte sich angesichts der relativ ungewissen Diagnose und der aktionistisch anmutenden Arbeiten mehr als irritiert und beauftragte mich mit einem Gutachten. Es gab eine Reihe offener Fragen: Welche Feuchteschäden waren überhaupt vorhanden? Woher kam die Feuchtigkeit? Waren die jetzigen Trocknungsarbeiten sinnvoll? Und waren die Trocknungsarbeiten im Sommer richtig durchgeführt worden?

Bis sich ein Termin für eine Ortsbegehung fand, verging noch mal eine Woche, in der keine weiteren Maßnahmen ergriffen wurden. Allerdings war die Firma Werder zwischenzeitlich auf den Gedanken gekommen, dass die Feuchtigkeit vielleicht aus Herrn Oertels Nachbarwohnung stammte. Direkt neben seinem Flur befand sich nämlich das Badezimmer der Nachbarn. Und siehe da, tatsächlich entdeckte der Handwerker direkt hinter der Revisionsöffnung der Badewanne eine massive Durchnässung. An der Wasseruhr trat aus einer Undichtigkeit Wasser aus. Allerdings war diese Leckage bis zu meinem Ortstermin nicht behoben, weil der Nachbar sich offenbar gründlich in der Vogel-Strauß-Haltung übte und den Zutritt zu seiner Wohnung verweigerte.

Als ich also Ende Oktober in Herrn Oertels Wohnung kam, waren seit der Entdeckung des Schadens durch den Wohnungseigentümer ganze fünf Wochen vergangen, in denen man zuerst vegetativ und dann technisch getrocknet, dann staunend und rätselnd vor dem Problem gestanden hatte und erst ganz zum Schluss auf die Quelle allen Unglücks gestoßen war – aber ohne das Leck wenigstens jetzt zu schließen.

Die Vogel-Strauß-Methode sowohl des Herrn Oertel als auch der Fachfirma Werder fand damit jedoch noch längst kein Ende. Ich hatte den Schadensort besichtigt und an allen relevanten Stellen Feuchtemessungen vorgenommen. Sie ergaben ohne Zweifel so hohe Werte, dass mir allein die Idee, es könne sich um Restfeuchte handeln, absurd schien. Erst recht, wenn sie vom selben Handwerker stammte, der die sommerliche Trocknung vorgenommen hatte. Glaubte die Firma Werder wirklich so wenig an die eigene Leistungsfähigkeit in Trocknungsfragen, dass sie solche Mengen an Restfeuchte für möglich hielt?

Schon beim ersten Besichtigungstermin Mitte Oktober hätte einem Fachmann auffallen müssen, dass die durchnässte Wand im Flur keineswegs allein auf Reste von Feuchtigkeit zurückzuführen war. Aber spätestens zwei Wochen später, als man die Fußleisten von der Wand nahm, hätte eigentlich selbst ein Laie erkennen müssen, dass solch organischer Befall nicht zufällig entsteht (Bild 3.22).

Bild 3.22: An diesem organischen Befall erkennt sogar ein Laie zweifelsfrei einen Wasserschaden.

Zu meinem Entsetzen erfuhr ich, dass noch keiner der Beteiligten auf die Idee gekommen war, zu überprüfen, ob auch dieses Mal durch den Leitungsschacht Feuchtigkeit in das übrige Gebäude gelangt war. In den Wohnungen der unteren Etagen konnte während des Ortstermins leider niemand angetroffen werden, sodass wir lediglich den Keller in Augenschein nehmen konnten. Dies allerdings nur sehr eingeschränkt, weil die relevante Wand durch einen Holzlattenverschlag versperrt war, für den wir keinen Schlüssel hatten. Aber trotz dieser begrenzten Sichtmöglichkeiten war mit bloßem Auge zu erkennen, dass auf dem Mauerwerk rund um das Schachtende der Steigleitungen bereits Verfärbungen und leichte Ausblühungen entstanden waren. Man konnte also davon ausgehen, dass die Feuchtigkeit sich seit dem Schadensfall, der ja mindestens fünf Wochen zurücklag, ordentlich ausgebreitet hatte.

Eines war klar: Schnellstmöglich musste die Undichtigkeit an der Wasseruhr in der Nachbarwohnung beseitigt werden; ansonsten würde jeder Trocknungsversuch ins Leere laufen. Klar war aber auch, dass man um eine gründliche technische Trocknung in der Wohnung von Herrn Oertel nicht herumkommen würde.

Die Wand im Flur zeigte bei meinen Messungen gesättigte Baustoffe. Der Gipsputz war massiv geschädigt und wies bereits starke Zersetzungsspuren und einen mittleren Schimmelpilzbefall auf. Die Feuchtigkeit hatte sich zudem über den schwimmenden Estrich in die angrenzenden Wand- und Bodenbereiche verteilt, wobei meine Messungen einen Verteilungsradius von etwa 3,5 m² im Flur aufzeigten. Und selbst das Holz-Parkett wies bereits Spuren von Feuchteschäden auf.

Bodenbelag Holz | Parkett

Alle Parkette werden aus einem Rohfries (geschnittener Holzstab) mit einer Dicke von 26 mm, einer Breite von 90 mm und einer Länge von etwa einem Meter gemacht. Es gibt Parkettstäbe oder Parkettriemen. Die Oberfläche wird mit Lack versiegelt, geölt oder gewachst. Mosaikparkett z. B. besteht aus Vollholzlamellen mit einer Stärke von 8,0 mm, einer Breite von bis zu 25 mm und einer Länge von maximal 165 mm. Es gibt auch Mehrschichtparkett.

Quell- und Schwindvorgänge sind abhängig von der Holzart, der Holzgüte, von der Weise, wie das Holz gesägt wurde (radial, tangential, quer oder Hirnschnitt), und den Holzformaten (Mosaiklamellen, Stäbe, Tafelparkett, Riemen, Holzpflaster). Stirnholzparkett beispielsweise wölbt sich leicht und entwickelt einen hohen Druck – hier sind nach einem Wasserschaden Entlastungsschnitte notwendig. Kleinere Durchnässungsschäden im Parkett können repariert werden. Parkettstäbe lassen sich in der Regel problemlos austauschen.

Löst sich der Parkettboden vom Untergrund, sind die losen Bereiche zu entfernen. Ein Abschleifen dieser Flächen ist nicht möglich.

Bei einem größeren Wasserschaden kommt es zu plastischen Verformungen des Holzes. Es quillt und drückt die Nachbarstäbe klein. Nach dem Abtrocknen schrumpft es wieder, es entstehen jedoch Fugen, da das Holz sich kleingedrückt hat. Der Feuchtegehalt ist derselbe wie vor dem Schaden, die Größe des Parketts jedoch nicht.

Die Wahrscheinlichkeit, dass ein Buchenparkett oder -boden (nach Eiche die zweithäufigste Holz-Bodenbelagsart in Deutschland) nach einem Wasserschaden ausgewechselt werden muss, ist sehr hoch.

Parkett wurde früher genagelt oder mit heißem Teer verklebt, seit Anfang des 20. Jahrhunderts gibt es diverse Klebstoffe aus Kunstharz, Polyurethan oder Polymeren. Achtung: Wenn PAK (Polyzyklische Aromatische Kohlenwasserstoffe) im Kleber enthalten sind, besteht hohe Gesundheitsgefahr (Krebs!).

Kunstharze und Dispersionsklebstoffe reagieren auf Alkalität. Unter Feuchteeinwirkung dringen Bestandteile von nicht-hydratischen Zementestrichen in die Schicht unter dem Parkett. Dringt Wasser in die Konstruktion, ist innerhalb von vier Wochen ein irreparabler Schaden am Parkett entstanden: Es muss raus.

Umso überraschter war ich, als mich Herr Oertel fragte, ob denn weitere Trocknungsmaßnahmen nötig seien. »Natürlich!«, antwortete ich, worauf Herr Oertel sich mürrisch zu seiner Frau wandte und mit ihr gemeinsam über die starke Wohnbeeinträchtigung durch Trocknergeräusche klagte. Da ich durchaus nachvollziehen konnte, dass das Ehepaar über weitere zwei Wochen mit Trocknungsgeräten im Flur nicht gerade erfreut war, nachdem es im letzten halben Jahr bereits zweimal zwei Wochen lang das »Vergnügen« gehabt hatte, überschlug ich kurz die Kosten der Maßnahme. Dabei fiel mir auf, dass es vielleicht gar nicht wesentlich teurer wäre, den ohnehin stark geschädigten Gipsputz einfach zu entfernen. Seine Erneuerung würde vermutlich genauso viel kosten wie seine vollständige Entfeuchtung.

Einen normalen Abtrocknungsprozess ließ der Gipsputz in seinem aktuellen Zustand durch die starke Schädigung ohnehin nicht mehr ohne Beeinträchtigung zu. Es war davon auszugehen, dass er durch die längere Feuchteeinwirkung in seiner kristallinen Struktur zerstört war. Obendrein würde, wenn er abgeschlagen wäre, auch das darunterliegende durchfeuchtete Mauerwerk wesentlich schneller abtrocknen. Zumal die Wand sowieso nicht bis zur Ausgleichsfeuchte trocknen musste, da durch den neuen Putz wieder Feuchtigkeit eingebracht würde. Je länger ich darüber nachdachte, umso besser schien mir diese Alternative – und das Ehepaar Oertel müsste nur sehr kurze Zeit das Brummen der Trocknungsgeräte ertragen.

Doch Herr Oertel blieb mürrisch. Putz abschlagen und erneuern – das würde die Wohnung verschmutzen, klagte er. Und als ich mich gerade zu fragen begann, ob er stattdessen denn lieber in einer verschimmelten feuchten Bude wohnen wolle, trug Handwerker Werder eine Idee vor, die Herr Oertel mit Begeisterung aufgriff: Man könne die Wand mittels Mikrowelle oder Infrarotstrahlern entfeuchten. Das mache keinen Dreck und keinen Lärm – und die Kosten müsse ja ohnehin die Versicherung tragen. Letzteres sagte er nicht, aber es war offensichtlich, dass die Herren Oertel und Werder beide davon ausgingen, dass Geld (für sie) keine Rolle spiele.

Beide Verfahren waren hier jedoch nicht angebracht. Herr Oertel konnte derlei nicht wissen, aber von einem Fachmann erwartete ich, dass er die Einsatzmöglichkeiten und -grenzen der Mikrowellen- und Infrarottrocknung genauestens kennt. Zwar mochten diese Methoden infolge ihrer geringeren Geräusch- und Schmutzbelastung vorteilhaft erscheinen, aber in diesem konkreten Fall überwogen ihre Risiken und Nachteile:

Bei einer Mikrowellentrocknung, also der Bestrahlung der Bausubstanz, konnte nicht ausgeschlossen werden, dass Rohrleitungen Schaden nehmen würden. Schließlich befand sich direkt hinter der durchfeuchteten Wand die Badewanne des Nachbarn – mit allen zugehörigen Leitungen. Außerdem könnte selbst bei gewissenhafter Messung der Feuchtigkeit und Temperatur in der Wand während des Bestrahlungsvorgangs keine Garantie dafür übernommen werden, dass nicht Strahlen durch die Wand in den Hohlraum der Wanne gelangen würden, was zu nicht definierbaren Schäden führen könnte (Funkenbildung, Leitungsschäden). Und schließlich war davon auszugehen, dass die Wandfläche des nachbarlichen Badezimmers gefliest war. Durch eine Bestrahlung mit Mikrowellen könnte sich in der Wand hinter dem diffusionsdichten Fliesenspiegel ein Dampfdruck entwickeln, der die Fliesen »abgesprengt« hätte.

Und auch die Infrarot-Bestrahlung brachte in diesem Fall keine tatsächlichen Vorteile, denn sie beschleunigte lediglich den Trocknungseffekt, indem sie die Bausubstanz im näheren Bereich der Oberfläche erwärmte. Der Trocknungsprozess dauert jedoch trotzdem noch mehrere Tage und setzt den Einsatz eines Trocknungsgeräts voraus – Geräuschbelästigung inklusive! Außerdem ist dieses Verfahren nur möglich, wenn die Putzoberfläche offen und die freie Diffusion möglich ist. Für eine technische Entfeuchtung der Bausubstanz würde es in jedem Fall unumgänglich sein, die Putzoberfläche wenigstens mit einer Igelbürste zu öffnen, um einen Abtrocknungsprozess zu ermöglichen, der zumindest im Ansatz wirtschaftlich sinnvoll ist. Doch der Putz war zerstört und musste sowieso angearbeitet werden.

Und was schließlich die Kosten anging, auf deren Übernahme durch die Versicherung Herr Oertel und seine angebliche Fachfirma hofften, war nach dem gesamten Verlauf des Schadensfalls und seiner vermeintlichen Behebung ohnehin zweifelhaft, ob die Versicherung für die erste Trocknung aufkommen würde.

Sie könnte sich weigern, den kompletten Schaden zu bezahlen, da er ja erst dieses Ausmaß annehmen konnte, weil die Fachfirma Werder fehlerhafte Arbeit geleistet hatte. Zwar versuchte sich Herr Werder mit dem Argument herauszureden, seine

Trocknungsmaßnahmen hätten »präventive Wirkung« gehabt. Aber es braucht nicht viel Fachverstand, um diesen Unsinn zu durchschauen: Man kann nicht »präventiv« trocknen, man kann auch nicht präventiv Feuer löschen. Aber Werders Trocknungseinsatz im Flur von Herrn Oertel war schlichtweg überflüssig. Genauso wie es sinnlos ist, Wäsche im Regen zu trocknen, war es sinnlos, die Flurwand zu trocknen, solange die Leitung noch tropfte.

Das Einzige, was man der Firma Werder zugute halten konnte, war, dass sie die Trocknungsarbeiten im Sommer angemessen und korrekt ausgeführt hatte. Die Versicherung würde also nicht rückwirkend irgendwelche Forderungen stellen können, was sie garantiert getan hätte, wenn es sich bei dem Wasserschaden um Restfeuchte gehandelt hätte.

Fazit

- »Präventiv trocknen« geht genauso wenig wie »präventiv Feuer löschen«.
- Es bringt nichts, Wände zu trocknen, solange die Leitung noch tropft.
- Nicht jede Trocknungstechnik eignet sich an jedem Schadensort, Fachkenntnis gehört unbedingt dazu.

3.13 Die Sprengkraft des Wassers im Wohnzimmer
Wurden die Fliesen durch Handwerkerpfusch zerstört oder hatten sie schon vorher einen Knacks?

Zuweilen versuchen Hauseigentümer alte Mängel mit neuen Ursachen zu kombinieren, um den vermeintlichen Verursacher des aktuellen Schadens in die Haftung zu nehmen.

Dieser Eindruck drängte sich auch Handwerkermeister Petersen, Sanitär- und Heizungsbau, auf, weshalb er mich zu Rate zog. Fünf Monate zuvor hatte er einen Anruf vom Ehepaar Schuster erhalten, dem im Durchgangsraum zwischen Schlaf- und Ankleidezimmer seiner Erdgeschosswohnung ein »Strömungsgeräusch« aufgefallen war. Vor Ort entdeckte Petersen dann auch eine Leitungsleckage an dieser Stelle. Zwar hatten die Schusters das Wasser abgedreht, aber dennoch war der Putz bereits bis zur Höhe von einem Meter durchfeuchtet und von Schimmelpilzen überzogen. Auch die Verlegeplatten aus Holzfasern und die darauf aufgebrachten Teppichbahnen waren bereits massiv organisch zersetzt. Die Schusters beauftragten Petersen damit, Feuchtigkeit und Schimmelpilze gründlich zu beseitigen. Auch weitere Arbeiten an ihrem massiv gebauten Mehrfamilienhaus stellten sie dem tüchtigen Handwerker in Aussicht. Petersen ging hoch motiviert ans Werk.

Kaum acht Wochen nach Erledigung der Arbeiten riefen die Schusters dann wieder bei ihm an. Diesmal klangen sie reichlich ungehalten. Im Durchgangsraum habe sich erneut Schimmelpilze gebildet, beschwerten sie sich, und das Laminat sei gequollen. Außerdem befänden sich nun Risse in der Estrichfläche im Wohnzimmer und im angrenzenden Flur. Dort seien sogar schon Fliesen gesprungen. Dies führten sie auf seine Trocknungsarbeiten zurück.

Handwerker Petersen besah sich den Schaden umgehend. Der Schimmelpilz war vorhanden, aber einen neuen Wasserschaden konnte er nicht erkennen, geschweige denn feststellen, ob und wie er durch die technische Trocknung Fliesen beschädigt hatte.

Deshalb trafen wir uns bald darauf in Begleitung des Ehepaars Schuster zur Ortsbegehung. Ich beschloss als Erstes die Ursache für den erneuten Schimmelpilzbefall im Ankleidezimmer zu klären. Möglicherweise war nach der Leckage noch Feuchtigkeit im Bodenaufbau verblieben, die dem Schimmelpilz nun wiederum ein günstiges Umfeld bot. Daher bat ich Handwerker Petersen um eine detaillierte Schilderung seiner Arbeiten: Im April hatte er einen Bodenaufbau aus Betonsohle, darauf Fliesen, gefolgt von einer Verlegeplatte, bedeckt von mehreren Schichten Teppichbahnen und obenauf Laminat vorgefunden. Petersen entfernte alle vom Schimmelpilz geschädigten Materialien – mit Ausnahme der Fliesenfläche. Den durchfeuchteten Putz schlug er ordnungsgemäß ab und begann mit der technischen Trocknung. Sechs Wochen später führte er am Boden mittels eines dielektrischen Messgerätes (Kugelkopf) Feuchtigkeitsmessungen durch und ermittelte Werte von circa 75 Digits.

Dies erschien ihm ausreichend, und so baute er den Boden über den Fliesenspiegel mit Verlegeplatte, aluminiumkaschierter Polystyrolbahn und Laminat neu auf. Tatsächlich, so konnte ich ihm bescheinigen, sind 75 Digits angesichts der Tatsache, dass der Bodenaufbau direkt an das Erdreich grenzte, als »entsprechend trocken« anzusehen; bei einer Wohnung im 1. Stock eines Mehrfamilienhauses hingegen wäre der Wert definitiv zu hoch.

War trotz dieser ordnungsgemäß ausgeführten Arbeiten Restfeuchte in der Bodenplatte verblieben und kapillar aufgestiegen? In diesem Fall wäre das Laminat gequollen. An der Verlegeplatte wäre Feuchtigkeit messbar. Und es hätte sich unterhalb der aluminiumkaschierten Polystyrolbahn organischer Befall gebildet. Nichts von alledem! Das Ehepaar Schuster hatte gegenüber Handwerker Petersen zwar Quellspuren an den Stößen der Laminatplatten bemängelt. Ich konnte aber lediglich leichte Erhebungen entdecken. Diese sind materialbedingt oder entstehen beispielsweise durch zu feucht aufgebrachtes Wischwasser. Meine elektronischen Feuchtemessungen bestätigten meine Vermutung: Alle Baustoffe im Bodenaufbau waren trocken.

Da das Haus nicht gegen das Erdreich abgedichtet war, galt es als nächstes herauszufinden, ob Feuchtigkeit von außen eingedrungen und kapillar über das Mauerwerk aufgestiegen war. Dies konnte ich ausschließen, da keine Ausblühungen oder Abplatzungen der Bausubstanz festzustellen waren und die heute ermittelten Feuchtewerte der Wände hiermit nicht übereinstimmten.

Ich betrachtete den Schimmelpilz eingehender. Der Befall zeigte sich ausschließlich hinter den Fußleisten. Oberhalb der Leisten konnte an keiner Stelle ein mikrobiologischer Befall festgestellt werden. Der erneute Schimmelpilz hatte sich ausschließlich hinter der Fußleiste eingenistet, weil diese den Diffusionsprozess aus dem Mauerwerksquerschnitt unterbunden hatte. Meister Petersen hatte also mit

Bild 3.23: Am alten Schadensort hatte sich wiederum Schimmelpilz gebildet, allerdings nur im Bereich der Fußleisten.

Bild 3.24:
Wäre Restfeuchte aus der Bodenplatte kapillar aufgestiegen, wäre u. a. das Laminat gequollen und an der Verlegeplatte Feuchtigkeit messbar. Das war nicht der Fall.

dem dielektrischen Messkopf die Oberfläche als »trocken« gemessen und nicht bedacht, dass sich im Mauerwerksquerschnitt noch Restfeuchte befinden könnte, die er direkt nach dem Abstellen der Trocknungsanlagen mit dieser Messtechnik nicht erfassen konnte.

Was war passiert? Nach dem Abstellen der Trocknungsanlangen diffundierte die Feuchtigkeit aus dem Querschnitt zum Raum, wurde jedoch von den neu aufgebrachten Fußleisten »aufgehalten«, sodass sich hinter den Fußleisten ein Befall entwickeln konnte, denn Sporen sind immer und überall (Frei nach »Erste allgemeine Verunsicherung« – 1986 »Das Böse ist immer und überall«).

Das erklärte auch den »strichgenauen« Befall hinter den Fußleisten und nicht darüber. Das Ehepaar Schuster zeigte mir nun im Flur und im Wohnzimmer Risse im Fliesenbelag, die ihrer Ansicht nach erst nach Petersens Trocknungsarbeiten entstanden waren.

Keramische Fliesen und Platten

Die Einteilung der keramischen Fliesen und Platten, bzw. deren Materialgruppen erfolgt nach den Herstellungsverfahren und der Wasseraufnahme der Scherben. Über diesen Weg werden auch die Materialzusammensetzung, die Porosität und der Sinterungsgrad beim Brand zugeordnet. Für den mit Wasser- und Feuchteschäden beschäftigten Fachmann ist es daher wichtig, neben den allgemeinen Stoffeigenschaften die nachfolgende Übersicht über die Wasseraufnahme »E« der keramischen Fliesen und Platten zu kennen. In der Praxis stellt sich jedoch die Klassifizierung der verlegten Fliesen oder

Platten als sehr schwierig dar. Es sind weder Ersatz noch Lieferscheine oder Kartonagen beim Kunden auffindbar, anhand derer eine genaue Bestimmung möglich wäre. Die Entnahme einer Fliese und die entsprechende Bestimmung sind wirtschaftlich oft nicht zu vertreten. Es helfen also nur die Erfahrung und ein geschulter Blick bei allen Arbeiten, um vorhandene Schäden oder Schadensmöglichkeiten frühzeitig zu erfassen.

Tabelle 1: Übersicht über Bezeichnung, Klassifizierung und Werkstoffnormen für keramische Fliesen und Platten (Quelle: Scholz, W.; Hiese, W.: Baustoffkenntnis, 15. Aufl., Werner Verlag, Köln, 2003)

Bezeichnung	Klassifizierung / Werkstoffnormen				
Nach europäischer Norm 87:	Gruppe	I	IIa	IIb	III
	Wasseraufnahme E	≤ 3 %	≤ 6 % > 3 %	≤ 10 % > 6 %	> 10 %
Stranggepresste Platten Trockengepresste Platten	Gruppe A	DIN EN 121	DIN EN 186	DIN EN 187	DIN EN 188
Trockengepresste Fliesen und Platten Gegossene Fliesen und Platten	Gruppe B Gruppe C	DIN EN 176	DIN EN 177	DIN EN 178	DIN EN 159
Nach deutscher Norm: Keramische Spaltplatten Bodenklinkerplatten	DIN EN 18166 [1]) DIN EN 18158				
[1]) Einige Hersteller produzieren noch nach der DIN 18166					

Über die mögliche Wasseraufnahmefähigkeit des Werkstoffs kann ein Zusammenhang mit möglichen Rissen in den Fliesen bei einem Wasserschaden hergestellt werden. Nimmt der Baustoff viel Wasser auf und bleibt der Wasserschaden lange unbemerkt, kann es während der technischen Trocknung und der damit verbundenen thermischen Behandlung zu Spannungen und in der Folge zu Rissen kommen.

Die Gründe für eine Rissbildung in Fliesen und Platten sind vielfältig und sehr umfangreich. Neben den Stoffeigenschaften des Belags selber ist der Untergrund bzw. deren Verklebung als Haupteinfluss für eine Rissbildung im Oberbelag zu sehen. Aber auch »Einwirkzeit« und Temperatur des Wassers, Fehler beim Verlegen und chemische Verunreinigungen des Wassers können einen indirekten Einfluss auf eine Rissbildung haben. In der Praxis hat sich gezeigt, dass sich der Nachforschungsaufwand zur belastbaren Beweisführung nicht immer lohnt und im Schadensfall die Wirtschaftlichkeit abgewogen werden muss.

Dem Trocknungsfachmann ist zwingend zu raten, die betroffenen Bodenbereiche ausreichend zu untersuchen und evtl. vorher vorhandene Risse und Schäden zu dokumentieren. Diese Dokumentation ist von dem Auftraggeber gegenzeichnen zu lassen, um spätere mögliche Regressansprüche abwehren zu können.

Nach dem Setzen von Prozessluftöffnungen ist der Bodenaufbau detailliert einzusehen, mögliche Gefahren lassen sich erkennen. Hier spielt die Erfahrung des Trocknungsunternehmers eine große Rolle, sodass er die Gefahr einer möglichen nachträglich auftretenden Rissbildung im Vorfeld erkennt – während oder nach der technischen Trocknung – und diese spätestens an dieser Stelle dokumentiert und dem Bauherrn als Bedenkenanmeldung vorlegt.

Neben dem Riss im Flur erfasste ich mit dem Messgerät tatsächlich 127 Digits, die auf leichte bis mittlere Feuchtigkeit im Bodenaufbau schließen ließen, sich allerdings durch weitere Messungen auf einen 60 × 40 Zentimeter kleinen Fleck eingrenzen ließ. Es war unwahrscheinlich, dass der Boden bei geringer Feuchtigkeit so stark aufgequollen war, dass dadurch die Fliesen aufgeschoben wurden. Selbst bei schwimmendem Estrich aus Calciumsulfat, der bei einem Wasserschaden das stärkste Quellverhalten zeigt, ist dies unwahrscheinlich. Außerdem hatten sich an den Rissflanken oder Fliesenfugen keine Scherben gebildet, wie es typischerweise beim Aufquellen geschieht. Dieser Fliesenriss war also mit Sicherheit nicht auf einen Wasserschaden oder auf die technische Trocknung zurückzuführen. Nach dem Setzen von Tiefenmessungen (Widerstandsmessungen) in den Fliesenfugen zeigte sich, dass hier eine materialbedingte Beeinflussung des Messwerts vorgelegen hatte, da die Trittschalldämmung und die Estrichplatte trocken waren.

Bild 3.25: Der Fliesenriss im Flur wies weder an Rissflanken noch an Fliesenfugen eine Scherbenbildung auf, die typischerweise mit Aufquellen oder unter Einfluss von Trocknungsarbeiten auftritt.

Bild 3.26: Bei einer Durchfeuchtung der Bodenfläche wäre an der Estrichkante, die im Bereich der Bodenluke zum Kriechkeller frei liegt, Wasser ausgetreten.

Das Ehepaar Schuster nahm meine Diagnose unbewegt zur Kenntnis und zeigte mir einen weiteren Fliesenriss, der im Wohnzimmer zwischen der Einstiegsluke zum Kriechkeller und dem Kamin verlief (siehe Pfeil in Bild 3.26). Zunächst fiel mir auf, dass der gesamte Raum keinerlei erkennbare Beeinträchtigungen durch Wasserschäden aufwies, wie beispielsweise Abplatzungen oder Verfärbungen, obwohl sich die Leitungsleckage im April nur 60 Zentimeter hinter der angrenzenden Wand ereignet hatte. Einen weiteren Hinweis, der gegen einen Wasserschaden im Wohnzimmer sprach, lieferte die Estrichkante, die unweit des Risses im Bereich der Bodenluke zum Kriechkeller frei lag: Bei einer Durchfeuchtung der Bodenfläche wäre dort Wasser ausgetreten. Das Ehepaar Schuster hatte aber nichts dergleichen beobachten können. Wir öffneten die Kellerluke und entdeckten auch dort keinerlei Anzeichen für eine Unterspülung. Die Feuchtemessungen an Wandflächen und Bodenkonstruktion waren daher nur noch eine Formalie und ergaben erwartungsgemäß trockene Baustoffe.

Anhand der gesammelten Messwerte und Indizien konnte ich also die Existenz eines Wasserschadens ausschließen, der die Fliesen beschädigt hatte. Diesbezüglich war Handwerker Petersen aus dem Schneider. Blieb noch zu klären, wie die Risse in den Fliesen entstanden waren und was Petersen hätte tun können.

Im Wohnzimmer konnten die Risse durch den Verlaufsweg eindeutig auf starke Spannungen durch die Hitzeentwicklung des Kamins zurück geführt werden. Im Flur konnte ich nach Abnahme einer Sockelleiste feststellen, dass die Fliesen über die Randfuge »knirsch« an das Mauerwerk verlegt waren. Jegliche Bewegung auf der Bodenfläche konnte zwar vom schwimmend verlegten Estrich aufgenommen werden. Es versagt jedoch bei einem solchen Zustand die spröde Fliesenfläche und es kommt zu Rissen.

Handwerker Petersen war trotzdem geknickt. Wie teuer würde ihn die Schadensbehebung zu stehen kommen? Da die Schimmelpilz-Befallsflächen kleiner als 0,5 m^2 waren, war es gemäß der Empfehlungen des Leitfadens des Umweltbundesamtes nicht vonnöten, die Sanierung durch eine Fachfirma vornehmen zu lassen. Handwerker Petersen konnte seinen Feuchtemessfehler also selbst wettmachen, im Durchgangs- und Ankleidezimmer alle Fußleisten abnehmen und die befallenen Stücke entsorgen. Erfahrungsgemäß konnte ich von den Messwerten ableiten, dass die Restfeuchte dann binnen sechs Wochen ohne weitere Maßnahmen abtrocknen würde. Vor der Montage neuer Fußleisten sollte Petersen alle betroffenen Bauteile ausreichend desinfizieren und den Feuchtegehalt im Baustoff ordnungsgemäß prüfen. Dazu war es zweckdienlich, Sacklöcher ins Mauerwerk zu setzen und nach einem Zeitraum von zehn Minuten die relative Luftfeuchte und Temperatur zu erfassen (Abgleich Baustoff / Sorptionsisotherme).

Da aufgrund der Bauweise des Hauses Probleme mit aufsteigender Feuchte nicht vollständig auszuschließen waren, riet ich dem Ehepaar Schuster, den Bereich hinter den Einbauschränken regelmäßig zu kontrollieren. Dadurch wird eventuell auftretender organischer Befall frühzeitig entdeckt und kann entfernt werden. Dazu eignen sich als bewährte Hausmittel 70 %iger Isopropylalkohol oder Brennspiritus. Von der Benutzung chlorhaltiger Schimmelpilzentferner rate ich generell ab, da sie die Atemwege angreifen können. Auch das alte Hausmittel »Essigwasser« oder »Essigessenz« ist nicht zu empfehlen, da durch den Essig die Alkalität des mineralischen Baustoffs herabgesetzt, die Wachstumsumgebung für die Sporen also »optimiert« wird.

Glück im Unglück – wie sich herausstellte, hatte Ehepaar Schuster ohnehin geplant den Bodenbelag zu erneuern. Immerhin beauftragten die Schusters Handwerker Petersen mit der Renovierung, auch wenn sie diese nun aus eigener Tasche und nicht über die Haftpflichtversicherung des Handwerkers begleichen mussten. Petersen nahm den Auftrag an. Aber mit dem festen Vorsatz, vor dem Neuverlegen präventiv eine fachgerechte Feuchtemessung vorzunehmen. Außerdem wollte er meinen Rat beherzigen, vorhandene Schäden an Fliesen, Wänden etc. vor Beginn seiner Arbeiten zukünftig mit Fotos zu dokumentieren und vom Kunden gegenzeichnen zu lassen, um ähnliche »Missverständnisse« von vornherein auszuschließen und sich rechtlich abzusichern.

Fazit

- Schuster bleib bei deinen Leisten – oder hol dir rechtzeitig Rat vom Spezialisten!
- Wer nicht im Querschnitt misst, den bestraft der Schimmelpilz.
- Fliesenschäden können mindestens so viele Ursachen haben wie Wasserschäden.

4 Schäden im Kellerbereich

Sechs Fälle aus der Praxis

4.1 Wasser-»Explosion« aus dem Heizkessel

Wie teuer kann die Rechnung werden? Eine komplexe Schadensanalyse.

Natürlich explodierte der Heizkessel an einem Feiertagswochenende, und zwar Ende Mai, nämlich Pfingstsamstag. Und natürlich explodierte der Heizkessel nicht wirklich, sondern es trat lediglich Wasser aus einem abgerissenen Absperrventil der Kaltwasserzuleitung zum Heizkessel aus. Aber das tat es unter solchem Druck, dass sogar die unverputzte Decke durchnässt war. Was der Mieter am Sonntagabend vorfand, als er von seinem Wochenendtrip nach Hause zurückkehrte, entsprach nicht dem, was er am Samstagmorgen verlassen hatte: »Explosion« schien ihm das einzig richtige Wort für das zu sein, was geschehen sein musste. Der Keller stand komplett unter Wasser. Er rief noch am Abend die Feuerwehr, die den Keller auspumpte.

Am nächsten Morgen, also gleich am Pfingstmontag, rückte ein Trocknungsunternehmen an, um erste Notmaßnahmen einzuleiten und nach Schadensaufnahme den weiteren Trocknungs-Aufwand zu kalkulieren. Man rechnete mit einer Trocknungszeit von 10 bis 24 Tagen und bezifferte das Angebot auf die sehr konkrete Summe von 1 053,– Euro plus Mehrwertsteuer.

Wassersauggeräte

Als **Tauchpumpe** bezeichnet man eine (Kreisel-)Pumpe, die zur Wasserentnahme in einen See oder Fluss gebracht wird und dort unter der Wasseroberfläche arbeitet. Sie wird meist durch elektrischen Strom angetrieben, alle spannungsführenden Teile sind wasserdicht isoliert. Tauchpumpen werden heute von der Feuerwehr häufig anstelle von Wasserstrahlpumpen zum Auspumpen vollgelaufener Keller eingesetzt. Tauchpumpen können in der Regel auch sehr schmutziges Wasser bis hin zu Schlamm fördern.

Eine **Tellerpumpe** ist für den Einsatz bei Wassereinbrüchen und Überflutungen, zum Beispiel in Baugruben, Kellergeschossen und anderen tief liegenden Objekten, ausgelegt. Durch ihre besondere Bauart wird das Wasser bis auf Nullniveau abgepumpt.

Industriewassersauger sind Nass- und Trockensauger mit hoher Leistung und verschiedenen Aufsatzdüsen.

In der Praxis hat sich, wenn keine Pumpe greifbar war, der Einsatz von **Verdichtern** zum Auspumpen von Kellern oder anderen durchnässten Räumen bewährt. An der Saugseite des Geräts wird ein Schlauch angeschlossen, der mit seinem anderen Ende im Wasser hängt; auf der Druckseite dient ein zweiter Schlauch als Abfluss. Wichtig ist allerdings, nach Beendigung der Arbeiten den Verdichter laufen zu lassen, bis er trocken ist, da sonst Rost ansetzen und die Funktionsfähigkeit beeinträchtigt werden kann.

Dieses Vorgehen funktioniert nur mit älteren, sehr robusten Geräten. Die heutigen Verdichter haben zwar oft andere Vorteile, sind jedoch auch sehr anfällig und meiner Meinung für den robusten Baustelleneinsatz zu überempfindlich geworden. Dies zeigt sich durch hohe Ausfallzeiten aufgrund von Defekten. Für den vorgenannten Einsatz als Wassersauger sind die heutigen Geräte mit der eingebauten Elektronik auf keinen Fall mehr zu verwenden.

Die vom Besitzer sogleich informierte Versicherung beauftragte zudem ein Sachverständigenbüro, den Schaden zu dokumentieren und den Gesamtaufwand der Sanierung abzuschätzen. So entstanden eine Woche nach der »Explosion« zahlreiche Fotos von den Schäden in allen Kellerräumen und ein genaues Schadensprotokoll. Das Büro hatte Detail für Detail geprüft, den jeweiligen Schaden exakt beschrieben und die zu ergreifende Maßnahme konkret benannt.

Dabei war klar, dass der Heizungsraum selbst natürlich erheblich von dem Schaden betroffen war; allerdings beschränkten sich die Reparaturarbeiten auf wenige Teile direkt an der Heizung, und bis auf wenige Malerarbeiten waren vorrangig Trocknungsarbeiten zu leisten. Die anderen Räume dagegen hatten weitaus mehr Schaden genommen: Neben dem Heizungsraum befanden sich nämlich eine Werkstatt, ein Vorrats-, ein Hobbyraum und ein Gäste-Schlafzimmer; auch dort war das Wasser eingedrungen. In allen Räumen gab es im Sockelbereich der Wände Feuchteschäden, sodass die Tapeten plus Anstrich, eine Korkwand und eine Holzverkleidung erneuert werden mussten. Dazu hatten die Elektroinstallationen Schaden genommen, da offenbar Wasser in die Steckdosen gelangt war. Im Flur lag obendrein Teppichboden, der natürlich völlig durchnässt und durch die Verunreinigung mit Öl und Batteriesäure aus dem Nachbarkeller nicht zu retten war. Das Sachverständigenbüro schätzte den Sanierungsaufwand auf maximal 17 500,– Euro.

Das war eine stolze Summe, aber angesichts des Schadens durchaus plausibel. Immerhin waren Rechnungen für Feuerwehr-, Trocknungs-, Heizungs- und Elektroarbeiten zu erwarten – einige davon zum erhöhten Feiertagstarif. Der Versicherer hatte sich also auf diese Kosten eingestellt. Umso größer war die Überraschung, als das Trocknungsunternehmen im November seine Abrechnung präsentierte: Stolze 16 523,30 Euro zuzüglich Mehrwertsteuer prangten als Endsumme auf dem Papier! Dazu kam noch ein – durch die Trocknungsgeräte verursachter – erhöhter Stromverbrauch von knapp 22 000 Kilowattstunden, was zusätzliche Kosten von fast 4 000,– Euro bedeutete.

Das war nicht nur fast der veranschlagte Gesamtaufwand der Sanierung, sondern auch das 20-fache dessen, was der Trocknungsbetrieb ursprünglich kalkuliert hatte. Dabei war diese Zahl keineswegs aus der Luft gegriffen: An die Rechnung angehängt waren detaillierte Aufstellungsprotokolle der Geräte, das Messprotokoll von Anfang Juni, Aufstellungen von Feuchtemessungen aus der Zeit Anfang bis Mitte September sowie Stundennachweise über den Zeitraum Mai bis November. Die Trocknungsarbeiten hatten wider Erwarten fast sechs Monate, nämlich genau 170 Tage angedauert, und währenddessen waren zeitweilig bis zu zehn Trocknungsgeräte im Einsatz, die nach Darstellung des Trocknungsbetriebs mehrfach auf-, ab- und umgebaut werden mussten.

Trotzdem war die Skepsis so groß, dass die Versicherung nunmehr mich als Sachverständigen einschaltete, um die Rechnung und die vorgenommenen Trocknungsarbeiten zu beurteilen. Eine Ortsbegehung war weder notwendig noch sinnvoll, da der Schaden – mittlerweile war es Ende November – derweil behoben und vom Ausmaß der Feuchtigkeit nichts mehr zu sehen war. Die Geräte waren abgebaut, der Keller renoviert. Vor Ort gab es nichts mehr zu sehen, was mir bei der Beurteilung des Falls hätte helfen können. Zudem gab es ja die Vielzahl von Berichten, Protokollen und Fotos, anhand derer ich den Schaden und den Trocknungsverlauf problemlos nachvollziehen konnte.

Dass es sich um keine echte Explosion gehandelt hatte, war ja allen Beteiligten von Anfang an klar gewesen, aber die Aussage des Bewohners, das Wasser habe 30 cm hoch im Raum gestanden, hatte bis dato niemand angezweifelt. Schließlich gab es ja sogar ein Foto, auf dem zu sehen war, wie hoch das Wasser gestanden haben muss (Bild 4.1). Bis zu einer Höhe von 40 cm war die Tapete entfernt worden, darunter waren die Feuchteränder auf etwa 30 cm Höhe gut erkennbar. Doch wer darin einen Beweis für die Höhe des Wasserpegels zu erkennen glaubt, irrt!

Es war klar, dass die Heizungsleitung am Pfingstsamstag und -sonntag, also allerhöchstens 48 Stunden, unter Druck Wasser in die Umgebung abgegeben hat, bevor die Leitung abgedreht und das Wasser abgepumpt werden konnte. Das Gebäude ist nicht wasserdicht, das Wasser konnte also über Kelleraußentüren und Bodenabläufe abfließen.

Bild 4.1: Die Feuchteränder sind trügerisch: So hoch stand der Wasserpegel nie!

Zwar waren die Kellerwände mit einem Zementputz versehen, der als relativ starr und nur begrenzt wasserdampfdurchlässig gilt. Bei günstigem Kornaufbau des Zuschlags kann mit Zementputz sogar eine so hohe Packungsdichte erreicht werden, dass er als wasserabweisend, oft sogar als wasserundurchlässig anzusehen ist. Das Wasser konnte also zum größten Teil nur über die Randfuge, wo der Putz keine Abdichtung darstellt, in das Mauerwerk eindringen und kapillar aufsteigen (siehe Infokasten: »Kapillares Saugverhalten/aufsteigende Feuchtigkeit«).

Die Wände bestanden aus Kalksandstein. Er besitzt einen durchschnittlichen Porenradius von 10^{-5} Metern, also Mikroporen. Je kleiner der Porenradius, desto höher die mögliche kapillare Steighöhe. Auch Papiertapeten besitzen eine hohe kapillare Saugkraft. Hätte das Wasser über einen Zeitraum von bis zu 48 Stunden 30 cm hoch in den Räumen gestanden, wäre die kapillare Steighöhe an dem Mauerwerk, aber vor allem an den Papiertapeten deutlich höher gewesen.

Wäre der Wasserstand auf 30 cm gestiegen, dann wäre übrigens eine Tauchpumpe, die direkt neben der Heizung für den Notfall installiert war, angesprungen. Dummerweise befand sich diese Pumpe jedoch in einer Bodensenkung, die durch eine etwa 15 cm hohe Aufkantung umrandet war (Bild 4.2).

Es ist also davon auszugehen, dass der gefühlte Wasserstand, genau wie das geschilderte Ausmaß der »Explosion«, weitaus drastischer war als die Realität. Die Aufstellung der ersten Feuchtemessungen der Trocknungsfirma selbst bestätigt, dass die Bausubstanz keine vollständige Durchfeuchtung aufwies. Sie zeigte ausschließlich Werte, die im Bereich einer leichten bis mittleren Durchfeuchtung eingestuft werden können.

Um zu ermessen, welcher Trocknungsaufwand notwendig ist, muss man nach einem solchen Wasserschaden stets den Fußboden unter die Lupe nehmen. Denn je nach Bodenaufbau kann hier Wasser in tiefer liegende Schichten gelangt sein, was

Bild 4.2: Ungünstigerweise war die Bodensenke, in der sich die Tauchpumpe für den Notfall befand, mit einer 15 cm hohen Aufkantung versehen.

zu Folgeschäden führen kann. Die Böden in den Kellerräumen waren überwiegend im Verbund erstellt, nur der Boden im Schlafraum wurde als schwimmender Estrich (siehe Infokasten: »Estricharten (Aufbau)«) ausgeführt und musste dementsprechend unterlüftet werden. Im Heizungskeller war die Oberfläche des Estrichs durch einen Fliesenspiegel versiegelt und in den übrigen Räumen mit Teppichboden verklebt. Beide Varianten verhinderten beziehungsweise verzögerten mit Sicherheit ein Eindringen von Wasser in den Verbundestrich, sodass eine vollständige Durchfeuchtung dieser Bodenaufbauten selbst nach 48 Stunden auszuschließen war. Der notwendige Trocknungszeitraum war nach meiner Erfahrung als gering einzuschätzen und entsprach den ursprünglichen Kalkulationen des Handwerkerbetriebs, nämlich 10 bis 24 Tagen.

Nun lagen mir keine Messungen über die Klimabedingungen im Gebäude vor. Und es gab eine Reihe von theoretischen Möglichkeiten, warum sich eine Trocknung verzögern oder sehr viel länger dauern kann als unter normalen oder gar idealen Bedingungen.

Ich musste also von den schlimmstmöglichen Umständen ausgehen, unter denen die Trocknungsarbeiten durchgeführt sein mochten, und kam im Ergebnis doch nur auf einen maximalen Trocknungszeitraum von zehn Wochen – wie gesagt, schlimmstenfalls und im Zusammenspiel aller nur denkbaren negativen Einflüsse. Zehn Wochen, also 70 Tage, aber nie und nimmer 24 Wochen oder 170 Tage, wie geschehen!

Bei genauerer Betrachtung der Auflistung der Handwerkerleistungen fand ich dann auch so manches seltsame Detail. Beispielsweise hatte man erst nach 60 Tagen der Trocknung (nach meinen Berechnungen also zu einem Zeitpunkt, an dem die Trocknung schon hätte abgeschlossen sein können) eine erste Zwischenmessung durchgeführt – etwas, das normalerweise nach einer Woche geschieht und im wöchentlichen Rhythmus wiederholt wird. Warum der Betrieb die Trocknungsfortschritte nicht bereits nach 10 oder 24 Tagen überprüft hat, also zu einem Zeitpunkt, den man selbst als voraussichtlichen Endpunkt der Arbeiten anvisiert hatte, war den Unterlagen nicht zu entnehmen.

Bei dieser Messung am 60. Tag jedenfalls stellte man fest, dass die Trocknung nicht den gewünschten Erfolg zeigte, und hat erst dann entsprechende Maßnahmen eingeleitet – nämlich den Putz von der Wand abzunehmen. Das war eine zwar zu späte, aber richtige Maßnahme, weil die wasserabweisenden Eigenschaften des Zementputzes eben nicht nur den Eintritt des Wassers in die Wand verhindern, sondern logischerweise auch seinen Austritt. Die durchfeuchtete Wand hinter dem Putz konnte – trotz aller Trocknungsgeräte – die Feuchtigkeit gar nicht per Diffusion an die Umgebungsluft abgeben. Wäre der Putz also schon nach einer Woche entfernt worden, hätte man sich schon mal die 53 übrigen wirkungslosen Trocknungstage sparen können.

Auch die Folienwände, die das Trocknungsunternehmen am 60. Tag vor die Wandflächen des Kellers spannte, hätte man sich sparen können. Weder der

Durchfeuchtungsgrad noch das Volumen der Räume rechtfertigten den Aufwand von Folienwänden, zumal die Kellerräume keiner dringenden Nutzung unterlagen und auch nicht durch organischen Befall belastet waren.

Folienwände/Luftkissentrocknung

Treten Wasserschäden in Gebäuden mit sehr großem Raumvolumen auf, wird versucht, den Trocknungsaufwand zu reduzieren, indem man das Raumvolumen verkleinert. Dafür wird das zu trocknende Raumvolumen mit luftdichten Folien verkleinert und die zum Abtrocknen der Baustoffe verwendete Luft zielgerichtet geleitet. Folienzelte oder -wände kommen zur Abschottung einzelner Bereiche auch bei sehr schwer zu trocknenden Schäden zum Einsatz.

Auf diese Weise können sehr zielgerichtet Wand- aber auch Bodenflächen getrocknet werden. Allerdings muss sichergestellt sein, dass sich das Luftkissen einerseits wie ein Segel aufbläht, andererseits die mit Feuchtigkeit gesättigte Luft in ausreichendem Maße aus dem Luftkissen heraustreten kann. Auch das Luftvolumen muss exakt bestimmt werden (das 0,2- bis 0,5-fache des Luftvolumens unterhalb des Luftkissens), weil sonst die Oberfläche »verbrennt«.

Folien- und Schleusensysteme kommen auch bei einer Schimmelpilzsanierung zum Einsatz. Der mit Sporen belastete Bereich wird mithilfe von Folienwänden und Schleusensystemen von den nicht befallenen Bereichen des Gebäudes räumlich getrennt. Je nach Schadensfall wird der abgeschottete Teil unter Unterdruck gesetzt, um während der Sanierungsarbeiten eine Verteilung der Sporen auf angrenzende Bereiche zu verhindern. Die unbelasteten Räume können dadurch auch während der Sanierung weiterhin ohne hygienische Beeinträchtigungen genutzt werden.

Aber auch die zehn Trocknungsgeräte, die auf der Schadenstelle zum Einsatz gekommen waren, machten mich mehr als stutzig. Die Kellerräume hatten eine Fläche von 98 m^2 bei einer Deckenhöhe von 2,20 m. Das ergab knapp 216 m^3, verteilt auf vier um einen zentralen Flur angeordnete Räume. Es kamen vor allem zwei Kondensationstrockner-Typen zum Einsatz. Der eine reichte nur für ein Raumvolumen für bis zu 50 m^3, der andere aber nach Herstellerangaben für ein Raumvolumen für bis zu 500 m^3, also dem Doppelten des Kellervolumens. Bei einer freien Wasserfläche, zum Beispiel zu Beginn einer Trocknung kurz nach Schadenseintritt oder wenn ein Gebäude zu großen Luftaustausch mit der Außenluft ermöglicht, ist eine Überdimensionierung der Geräte durchaus sinnvoll, um für eine ausreichende Trockenluftmenge zu sorgen. Im vorliegenden Fall wäre es also vollkommen ausreichend gewesen, einen Kondensationstrockner einzusetzen, dessen Leistung für ein Raumvolumen bis 500 m^3 ausgelegt ist. Das Gerät hätte in Verbindung mit den

Gebläsen über den gesamten Trocknungszeitraum vollkommen ausgereicht, selbst bei einer großen freien Wassermenge zu Beginn der Schadensbehebung.

Um die Trockenluftmenge durch die vier Räume zu verteilen, war es definitiv notwendig, Gebläse einzusetzen. Der Trocknungsbetrieb arbeitete mit einem Gerät mit einer Leistung von 300 Watt. Für das zu bearbeitende Raumvolumen wären zwei dieser Geräte ausreichend gewesen, zumal die Geräte dieser Marke mit Adaptern für Luftschläuche ausgestattet werden konnten, um die Luftmenge zielgerichteter in den Räumen und an den Wänden zu verteilen. Machte summa summarum vier Geräte – und kein einziges mehr!

Dass die Geräte in größerer Stückzahl während des Trocknungszeitraums mehrfach aufgebaut, ausgetauscht und wieder abgebaut worden waren, hatte Gründe, die weder nachvollziehbar noch für diesen Schadensfall angemessen waren. Auch die wiederholten Messungen variierten sehr stark und waren nicht nachzuempfinden. Fachgerecht wird ein Mess-Zyklus von sieben Tagen angesetzt, der im Einzelfall und aus Kostengründen auf einen 14-tägigen Rhythmus gestreckt werden kann. Aber der wechselnde Takt von drei auf zwei, dann wieder auf drei Wochen – immer verbunden mit einer Überdimensionierung der Geräte und weiteren Maßnahmen (Folienwände, Infrarotplatten) – war, vorsichtig formuliert, irritierend.

Zwar hatte das Trocknungsunternehmen für die geleisteten Stunden und die aufgestellten Geräte jeweils einen ortsüblichen Satz angelegt, aber eben viel zu viele Geräte und viel zu viele Stunden. Aufgrund meiner Überlegungen – die ja immer vom Schlimmsten und somit vom maximal Notwendigen ausgingen – berechnete ich nunmehr die Trocknungskosten neu. Das Ergebnis war immer noch ein stolzer Preis und vermutlich mehr als man bei einer fach- und sachkundigen Trocknungsabwicklung eigentlich hätte zahlen müssen, aber noch nicht einmal die Hälfte dessen, was ursprünglich auf der Rechnung gestanden hatte: nämlich 6 209,55 Euro plus Mehrwertsteuer.

Ich empfahl beiden Parteien, der Versicherung wie dem Trocknungsbetrieb, sich auf diesen Betrag zu einigen, und tatsächlich kam es zu einer Einigung in ungefähr dieser Höhe. So waren alle noch mal mit einem blauen Auge davonkommen.

Fazit

- Bei einem vollgelaufenen Keller gibt es einen »gefühlten« und einen echten Wasserstand. Der erste ist meistens höher!
- Eine Trocknung, für die 10 bis 24 Tage anvisiert sind, kann schlimmstenfalls bis zu 70 Tage dauern, aber nie und nimmer 170.
- Während einer technischen Trocknung empfiehlt sich für regelmäßige Feuchtemessungen ein Rhythmus von etwa sieben Tagen.

4.2 Ausblühungen, Ausschwemmungen und organischer Befall

Wie kommt das Wasser hinter die Fliesen der Dusche? Und wie aufwändig ist die Trockenlegung?

Manchmal ist ein Leitungsschaden nur noch der letzte Tropfen, der den Stein zum Überlaufen bringt. Was klingt, wie zwei miteinander verwobene Redewendungen, ist mir aber tatsächlich einmal begegnet: Im Duschbereich einer Sporthalle, die Ende der siebziger Jahre erbaut worden war, kam es zu einer Leitungsleckage. Die Nasszellen lagen im Souterrain, die Leckage befand sich im Bereich einer erdberührten Außenwand oberhalb des Fliesenspiegels (Bild 4.3). Die Wand wurde aufgestemmt und der Schaden behoben. Mit der Trocknung des durchnässten Mauerwerks aus Kalksandsteinen wurde eine Fachfirma beauftragt.

Deren Feuchtemessungen ergaben, dass nicht nur die von der Leckage betroffene Außenwand, sondern alle erdberührten Wände eine mittlere bis starke Durchfeuchtung aufwiesen, und die in der Mitte des Raums verlaufende Trennwand (rechts im Bild) musste sogar als mit Feuchtigkeit gesättigt eingestuft werden. Durch den Schaden, so lautete die Analyse, sei es obendrein zu massiven Ausschwemmungen und Korrosionsschäden gekommen. Die Fachfirma legte deswegen einen Trocknungsplan vor, der die Entfernung aller Fliesen im kompletten Duschbereich voraussetzte.

Aufgrund der zu erwartenden hohen Kosten beauftragte mich die Versicherung zwei Monate nach dem Schadensfall, die Schäden, ihre mögliche Ursache sowie das Angebot zu überprüfen.

Bild 4.3: Leitungsleckage im Duschbereich einer Sporthalle: Der Schaden zeigt sich oberhalb des Fliesenspiegels im Bereich der erdberührten Außenwand.

Sinter und Korrosion

Bilden sich durch Abscheiden in Wasser gelöster Mineralien, also in Gewässern, Wasserleitungen und -behältern oder in feuchtem Milieu krustenförmige Überzüge auf den Oberflächen, spricht man von **Sinter**. In großem Ausmaß findet man Sinter an Austritten mineralisierter Wässer wie zum Beispiel heißen Quellen oder Geysiren. Sinter entstehen bei Druck- und Temperaturänderungen, aber auch durch Oxidationen oder bei CO_2-Entzug (Kalksinter). Jedes Kind kennt Sinter aus Tropfsteinhöhlen. Im eigentlichen Sinne treten Sinter aber auch als Ablagerungen in Töpfen und Rohren (Kesselstein), Toiletten (Urinstein) oder am Boden von Weinflaschen (Weinstein) auf.

Aussinterungen entstehen überwiegend bei älterem Mauerwerk. Sie treten auf, wenn kohlensäurehaltiges Wasser über längere Zeit das Fugensystem und den Mörtel durchsickern kann (Tropfsteinhöhleneffekt).

Schädigungen und Zerstörungen von Werkstoffen durch chemische oder elektrochemische Reaktionen nennt man hingegen **Korrosion**. Im Alltag kennen wir Metallkorrosion als flächenhaften Angriff (Rost) oder als Lochfraß (nadelfeine, tiefe Löcher). Durch korrosionsfeste, dichte Überzüge versucht man, Baustoffe gegen Korrosion zu schützen, zum Beispiel durch Verzinken oder Verchromen von Metallen oder durch Emaillieren von Glasuren.

Auch meine Feuchtemessungen ergaben an allen Außenwänden durchnässtes Mauerwerk, und auch die Messung an der Trennwand zeigte eine Sättigung der Baustoffe. Augenscheinlich waren auch übermäßige Sinter- und Korrosionsspuren an allen Boden- und Wandflächen. Ich konnte Kalkspuren an der gesamten aufgehenden

Bild 4.4: Unterhalb der Armaturen haben die Kalkauswaschungen Laufspuren hinterlassen.

Bild 4.5:
An den Wandflächen, Armaturen und Fliesenfugen finden sich übermäßige Sinter- und Korrosionsspuren.

Trennwand, an den Armaturen und den Fliesenfugen feststellen. Besonders unterhalb der Armaturen waren deutliche Laufspuren von Kalkauswaschungen zu erkennen (Bild 4.4 und Bild 4.5).

Der Schaden war offensichtlich, und tatsächlich würde man diese Durchfeuchtung nur trocknen können, indem man den Fliesenspiegel entfernte. Die Frage war jedoch, ob der Schaden aus der Leitungsleckage herrührte oder andere Ursachen hatte. Denn die Versicherung würde nur die Kosten übernehmen, die durch den Leitungswasserschaden entstanden waren, nicht aber für etwaige andere Schäden.

Ausblühungen und Ausschwemmungen

Vor allem an Fassaden sehen wir des Öfteren Verunreinigungen, die man als Ausblühungen oder Ausschwemmungen bezeichnet. Ausgelöst werden sie in der Regel durch Wassereinwirkung, meistens Regenwasser, das Verunreinigungssubstanzen aus den Baustoffen spült. Dabei ist zwischen wasserlöslichen Ausblühungen durch Salze und meist farbigen Ablagerungen von Metallen zu unterscheiden. Durch Feuchtigkeitseinwirkung lösen sich salzartige Substanzen und werden mit dem Wasser durch Kapillartransport an die Baustoffoberfläche befördert. Hier verdunstet das Wasser, und die gelösten Salze kristallisieren. Solche Ausblühungen entstehen meist durch Binde- oder Frostschutzmittel, sei es im Mörtelsand, im Anmachwasser oder aufgrund einer unsachgemäßen Lagerung von Baustoffen.

In der Regel sind Ausblühungen harmlos und verschwinden von selbst, wenn bestimmte chemische Vorgänge im Mauerwerk durch die Verbindung von Mauersteinen und Bindemitteln abgeschlossen sind. Sie können trocken mit einer harten Wurzelbürste oder mit einem Entsäuerungsmittel (verdünnte

Salzsäure oder auch Haushaltsspülmittel) entfernt werden. Ausblühungen geben aber eventuell einen Hinweis auf Feuchteschäden oder substanzielle Baumängel, wie beispielsweise fehlende oder undichte Mauerabdeckungen, Anschlussrisse zu Betonflächen, »verbrannter«, undichter Fugenmörtel, oder auf von großen Betonflächen über Mauerwerk ablaufendes Wasser. Typische Stellen für das Auftreten von Ausblühungen sind nämlich die Ränder von Durchfeuchtungsflächen.

Ausschwemmungen haben ihren Ausgangspunkt fast immer im Calciumhydroxid, dem Hauptbestandteil aller Mörtelverbindungen. Es kann beim Durchfließen der Mörtelfugen ausgeschwemmt werden. Kalkausschwemmungen sind meistens weiß, höchstens leicht grau verfärbt und entstehen in der Regel in den Lagerfugenbereichen. Sie sind ebenfalls ein sicherer Indikator dafür, dass Wasser in das Mauerwerk eindringt und den Fugenmörtel durchfließt.

Ich begutachtete also die Schadenstelle sehr genau. Dabei konnte ich zunächst feststellen, dass noch kein Abtrocknungsprozess zu erkennen war, obgleich die Leitungsleckage eigentlich längst behoben war und normalerweise innerhalb von drei Monaten auch ohne technische Unterstützung zumindest eine geringfügige vegetative Trocknung hätte einsetzen müssen.

Außerdem entdeckte ich oberhalb des Fliesenspiegels mehrere Farbabplatzungen, allerdings nur rechtsseitig und in gewisser Entfernung zum eigentlichen Schadensort. In der Nähe der Leckage dagegen konnte ich keine Abplatzungen feststellen, obwohl hier der Wasseraustritt und somit ein stärkerer Wasserdruck im Porensystem der Baustoffe in der Wand vorhanden gewesen sein musste. Die Farbabplatzungen hatten demnach mit Sicherheit eine andere Schadensursache.

Die nächste seltsame Beobachtung machte ich direkt neben der Schadenstelle. Auf der Wandoberfläche oberhalb des Fliesenspiegels entdeckte ich organischen Befall, rund um die Schadenstelle selbst war davon aber nichts zu finden. Bei einer länger andauernden Leckage hätte er aber gerade dort zu finden sein müssen, da hier die Baustoffe schon abgetrocknet und somit die Wachstumsbedingungen für den Befall viel besser waren. Es war also zu vermuten, dass die Leckage relativ schnell entdeckt worden war.

Andererseits sprachen die Sinter- und Korrosionsspuren für eine lang andauernde Belastung durch Feuchtigkeit. Um solche massiven Ausschwemmungen zu bewirken, muss die Feuchtigkeit zumindest drei Jahre oder länger eingewirkt haben.

Indem ich die Fliesenoberflächen mit der Hand abklopfte, überprüfte ich sie auf Ablösungen. Das Ergebnis: Trotz der offensichtlich langen, starken Feuchteeinwirkung haben sich die Fliesen nicht gelöst.

Aus der Summe dieser Beobachtungen konnte ich den eindeutigen Schluss ziehen, dass die Durchfeuchtung der Wände nicht aus der Leitungsleckage herrührte, sondern andere Ursachen hatte:

Eine Leitungsleckage im Außenwandbereich des Nassraums – selbst wenn das Leck ein Jahr oder länger unentdeckt geblieben wäre – machte eine Durchfeuchtung der kompletten Trennwand nicht möglich, ohne dass Wasser oberhalb des Fliesenspiegels ausgetreten wäre.

An den Stellen, wo der osmotische Druck durch Feuchtigkeit stark genug war, die auf der Wand aufgetragene Farbe abplatzen zu lassen, ist dies auch geschehen. Die Wand zur Stemmöffnung rund um die Leitungsleckage wies jedoch keine Farbabplatzungen auf. Gerade dort jedoch – in der unmittelbaren Nähe zur Leckage – hätte die Farbe mehr und stärker abplatzen müssen. Da die Abplatzungen nur an den Außenwänden auftraten, war davon auszugehen, dass sie ihren Ursprung in von außen eindringender Feuchtigkeit hatten.

Die massiven Ausblühungen und Ausschwemmungen an der aufgehenden Wand hingegen sind zurückzuführen auf eine mangelhafte Abdichtungsebene hinter den eingebauten Armaturen und dem Fliesenspiegel. Denn bei fehlender oder unzureichender Abdichtung hat das Wasser die Möglichkeit, über den Fliesenspiegel hinter die Rosetten zu laufen, hier in die Bausubstanz einzudringen, für die Durchfeuchtung zu sorgen und mit den Ausschwemmungen wieder zutage zu treten. Außerdem kann das Wasser beim Duschen über das Fugenmaterial in die Wandflächen einziehen. Schließlich waren die Nassräume in der Sporthalle in ständiger Nutzung, und somit herrschte ein hoher Wasseranfall vor. Die hohe Feuchtebelastung und der seit dem Verlegen des Fliesenspiegels bestehende Mangel in Form der unzureichenden Abdichtungen hinter den Rosetten verursachten über die Jahre die massive Schädigung, die mit der Leitungsleckage aber nicht im Zusammenhang stand.

Der Gebäudeeigentümer spekulierte offenbar auf eine wenig sachkundige Prüfung. Er wollte den Fliesenspiegel erneuern, dabei diente ihm der organische Befall als Vorwand, um den Schadensregulierer für die Kostenübernahme der Sanierung zu gewinnen. Deshalb behauptete der Eigentümer einfach, der organische Befall oberhalb des Fliesenspiegels verweise auf organischen Befall erheblichen Ausmaßes auch hinter dem Fliesenspiegel. Für einen Sachverständigen jedoch war klar: Davon war nicht auszugehen! Schon allein, weil sich durch die Ausschwemmungen und durch das mit Seife und Duschgel versetzte Wasser, das in die Bausubstanz eingedrungen sein muss, hinter dem Fliesenspiegel sehr wahrscheinlich ein basischer pH-Wert aufgebaut hatte, der einem organischen Befall entgegenwirken würde. Zumal sich Sporen aus der Raumluft ja auf der Wand niederlassen, denn durch Fliesen kommen sie nicht hindurch. Sie hätten sich lediglich oberhalb des basisch getränkten Mauerwerks problemlos auf dem feuchten Putz absetzen und sich dort weiter ausbilden können.

Um die Wandflächen wirklich zu trocknen, mussten die Fliesen entfernt werden, das war keine Frage. Allerdings würde man dafür die wahren Ursachen – also im Außenbereich die unzureichende Abdichtung gegen Feuchtigkeit aus dem Erdreich – beheben müssen. Für die Auswirkungen der Leitungsleckage hingegen war die Beseitigung der Fliesen nicht notwendig. Da der Schaden oberhalb des Fliesenspiegels eingetreten war, würde die dort vorhandene Feuchtigkeit problemlos technisch getrocknet werden können. Eine mögliche schadensbedingte Restfeuchte hinter dem Fliesenspiegel und unmittelbar darunter war zu vernachlässigen. Sie hatte ihre Ursache nicht in der Leckage.

Den Gesamtaufwand der Instandsetzung konnte ich somit inklusive technischer Trocknung, Desinfektion, Putz- und Malerarbeiten auf einen Betrag von etwa 1 200,– Euro plus Mehrwertsteuer eingrenzen – ganz entgegen den Wunschvorstellungen des Versicherungsnehmers, der ein Angebot für die Komplettsanierung der Duschräume über 14 000,– Euro eingereicht hatte.

Fazit

- Auch ein Wasserrohrbruch macht aus einer Nasszelle keine Tropfsteinhöhle.
- Nur was lange tropft, wird langsam grau.
- Wenn schon Duschgel durch die Wände sickert, wächst wenigstens kein Schimmelpilz.

4.3 Schimmelpilze und durchnässter Boden im Souterrain Kann organischer Befall durch falsche Trocknungstechnik erst entstehen?

Es war eine harmlose Frage, die an mich herangetragen wurde, und eigentlich war sie einfach zu beantworten: Hat der Bodenaufbau seine Gleichgewichtsfeuchte erreicht? Gestellt wurde diese einfache Frage von einer Versicherung, die einen Leitungswasserschaden zu begleichen hatte – in einer Kinderarztpraxis im Souterrain eines etwa 40 Jahre alten Hauses. Das Leck in der Leitung war schnell gefunden, die Ursache des Wasserschadens also unstrittig und behoben. Etwa 85 m^2 Bodenfläche waren durch das ausgetretene Wasser durchnässt worden. Der Bodenaufbau bestand aus einem schwimmenden Estrich – genauer: Zementestrich mit einer Dämmschicht aus Mineralwolle, allerdings ohne Trennfolie dazwischen, weswegen es zu einer kompletten Durchnässung der Mineralwolle und der Estrichplatte gekommen war. Obenauf lag, vollflächig verklebt, ein PVC-Belag, der anfangs noch liegen blieb, weil die von der Gebäudeversicherung empfohlenen Trocknungsfachleute hofften, ihn erhalten zu können.

Die sogleich eingeleitete technische Trocknung umfasste die Entfeuchtung des schwimmenden Estrichs und der betroffenen Wandteile und dauerte dreieinhalb Wochen. Während der Trocknungsarbeiten hatte jedoch die Feuchtigkeit unter dem PVC zu einer Verseifung des Klebers und dadurch zur Ablösung des Bodenbelags geführt. Dies trat erst zutage, nachdem die Trocknungsfirma den Boden bereits als trocken bezeichnet und die Geräte abgebaut hatte. Der Bodenbelag wurde komplett entfernt. Die Estrichplatte wies tatsächlich noch erhöhte Feuchte auf.

Also wurden die Geräte erneut aufgebaut und wieder eingeschaltet. Nach einer weiteren Woche – inzwischen war die Arztpraxis schon vier Wochen geschlossen – wurde ein zweites, diesmal von der Hausratversicherung empfohlenes Trocknungsunternehmen eingeschaltet. Es stellte immer noch erhöhte Feuchtewerte im Boden fest und empfahl eine nochmals dreiwöchige Trocknung der Trittschalldämmung. Auch der bereits beauftragte Fachbetrieb für die Bodenbelagsarbeiten stellte erhöhte Feuchtewerte im Bodenaufbau fest und riet ab, den neuen Bodenbelag darauf zu verlegen.

Zwei Tage später bekam ich den Auftrag und stand mit meinem elektronischen Feuchtemessgerät und einem CM-Messgerät (siehe Infokasten: »Feuchtigkeitsmessung«) in der Arztpraxis, um eine Antwort auf die scheinbar einfache Frage zu finden: Hat der Bodenaufbau seine Gleichgewichtsfeuchte erreicht oder nicht? Die Experten-Meinungen standen 1 : 2; ein Handwerker meinte, die Trocknungsarbeiten abgeschlossen zu haben, zwei Handwerker attestierten zu hohe Feuchtigkeitswerte. Ich war gespannt.

Manipulationen und Irritationen bei Feuchtemessungen

Wie in fast allen Branchen gibt es auch bei den Trocknungsmonteuren unterschiedliche Meinungen, selbst bei Themen, die eindeutige Antworten verlangen, wie den Messwerten. Für einen Laien scheint es völlig undurchsichtig, warum zwei Handwerker sich über die Frage, ob eine Wand feucht ist oder nicht, uneins sein können. Doch die unterschiedlichen Meinungen beruhen auf unterschiedlichen Messtechniken und allzu oft leider auch auf richtigen oder falschen Methoden oder nicht korrekter Handhabung von Messgeräten.

So ist es grundsätzlich zwingend, dass auch die Feuchtemesswerte und das verwendete Messgerät protokolliert werden. Denn es macht einen Unterschied, ob der Feuchtegehalt in masse- oder volumenbezogenen Prozenten ermittelt wurde. In der Praxis ist es meist sinnvoll, die Werte in Skalenteilen, Digits (digitalen Einheiten) oder in Form des Holzfeuchteäquivalents (HFÄ) anzugeben, da oftmals vermischte Baustoffe gemessen werden.

Fehlmessungen werden manchmal sogar bewusst herbeigeführt, um sich Trocknungs-Aufträge zu erschleichen, die es bei trockenen Baustoffen nicht gäbe. So lassen sich Messgeräte, die nach dem Dielektrizitätsprinzip (Kugelkopf) funktionieren, spielend einfach manipulieren, indem man einen Finger leicht auf den Messkopf legt. Haut ist grundsätzlich feucht, die Werte werden also entsprechend ausfallen; mit etwas Spucke fallen die Werte noch höher aus.

Meistens aber entstehen fehlerhafte Messergebnisse aufgrund mangelnder Kompetenz, zum Beispiel dadurch, dass der Handwerker verfälschende Baustoffe nicht wahrnimmt – etwa eine Aluminiumtapete, Folie unter der Tapete, nicht ummantelte Wasserleitungen, Eisenmattenbewehrungen oder Salzausschwemmungen. Oder die Werte werden nicht an ausreichend vielen beziehungsweise an ungeeigneten Stellen erhoben, etwa nur im Sockelbereich, nicht aber an der gesamten Wand. Manchmal werden auch Tiefenmessungen vergessen, weswegen Feuchtigkeit nach abgeschlossener Trocknung wieder nachzieht. Oder andersherum: Eine Wand wird als durchnässt eingestuft, obwohl sie eigentlich nur oberflächlich feucht ist.

Außerdem müssen die Sonden – bis auf die Spitzen! – vollständig isoliert sein. Ebenso muss bei Tiefenmessungen nach dem Bohren etwa 20 Minuten gewartet werden, da der Bohrer durch die Hitzeentwicklung eine Verdunstung im Bohrloch hervorruft und der Messwert somit verfälscht wird.

Auch bei CM-Messungen sind Fehler möglich, etwa dadurch, dass die Probe mit bloßen Händen entnommen und dadurch zusätzliche Feuchtigkeit von der Haut aufgenommen wird. Zu Fehlern führt es auch, wenn die Messgeräte nicht ausreichend gereinigt oder nicht vollends getrocknet sind. Das Messgut sollte zudem nie aus der Oberfläche, sondern immer aus dem gesamten Querschnitt der Probe entnommen werden, um wirklich aussagekräftige Werte zu erhalten.

Die Fehlermöglichkeiten sind groß. Deswegen sollten Messungen, insbesondere CM-Messungen immer genau protokolliert werden, und zwar nicht nur mit Zeitpunkt und exaktem Ort der Messung, sondern auch mit Gerätetyp und ausführender Person. Dabei sollte der betroffene Mieter oder Bauherr stets anwesend sein und alle gemessenen Werte im Protokoll gegenzeichnen.

Doch dann war schnell klar, warum die Handwerker zu unterschiedlichen Ergebnissen gekommen waren: Alle mit elektronischen Messgeräten (Widerstand/dielektrisch) vorgenommenen Feuchtemessungen an der Estrichplatte waren unbrauchbar. Aufgrund der Kleberreste und durch die Salz- und Mineralbelastungen des Materials wurden die Leitfähigkeit beeinflusst und das jeweilige Messergebnis verfälscht. Hier war es allein per CM-Messung möglich, wirklich korrekte Werte zu erhalten.

Und die zeigten eindeutige Ergebnisse:

Alle CM-Messungen ergaben durchgehend Werte um die Ausgleichsfeuchte, das heißt, die Bausubstanz war trocken, die Verlegereife war erreicht. Auch an den Wänden zeigte sich dasselbe beruhigende Ergebnis: trocken!

Einzige Ausnahme bildete eine der Tiefenmessungen (Widerstandsmessung) im Flur. Hier konnte ich erhöhte Werte auf der Sohlplatte ermitteln. Dafür gab es nur zwei mögliche Ursachen: Entweder gab es einen weiteren Schaden, zum Beispiel in der Abflussleitung, die nahe dieser Stelle verlief, oder es gab eine Irritation des Messgeräts – zum Beispiel, weil die Leitfähigkeit durch Metalle oder Ähnliches beeinflusst wurde. Hier würde man in ein paar Tagen noch mal eine Messung vornehmen müssen, um festzustellen, ob sich der Feuchtewert verändert hat. Wäre er erhöht, dann wäre eine Leckage sehr wahrscheinlich. Bliebe er gleich, gebe es vermutlich einen irritierenden Faktor. Wäre er reduziert, könnte man davon ausgehen, dass es sich um ein Feuchtenest handelt, dass noch abtrocknen müsste.

Davon abgesehen, hätte ich eigentlich Entwarnung geben können, wenn mir nicht am Rande der Untersuchung etwas anderes aufgefallen wäre: Am Tag meiner Messungen standen dort noch immer Trocknungsgeräte, sodass ich leicht feststellen konnte, mit welchen Methoden hier getrocknet worden war. Es bestätigte meinen ersten Eindruck: Ja, man hatte die Estrichdämmschicht im Druckverfahren entfeuchtet. Offenbar war keinem in der Trocknungsfirma bewusst, welche Folgen das haben konnte.

Saug-/Druckverfahren

Üblicherweise wurde zur vollständigen Trocknung von Hohlräumen (z.B. schwimmendem Estrich, doppelschaligem Mauerwerk, Trockenbauwänden, etc.) im **Druckverfahren** gearbeitet. Es ist das ursprünglichste und effektivste Verfahren. Die Trockenluft wird über Rundstutzendüsen (auch »Eindreher« genannt) eingebracht, die – je nach Konstruktion – mittels Bohrungen in Stärken von 25, 40 oder 50 mm im Boden, in der Wand oder in der Decke verankert werden. Oftmals kann die Luft aber auch über Fugendüsen an Randfugen eingebracht werden. Eine Bohrung reicht i.d.R. für eine Fläche von 15 m², in Ausnahmen auch bis zu 25 m² (siehe Infokasten: »Prozessluftöffnungen«).

An die Trocknungsanlage werden dünne, flexible Schläuche angeschlossen, die sich jedem Raum, ohne zu stören, anpassen. Durch sie strömt kontinuierlich extrem vorgetrocknete, verdichtete Luft unter den nassen Estrich. Die eingepresste Luft sättigt sich in den nassen Isolierschichten vollständig mit der aus den Baustoffen ausgetretenen Feuchte. Die mit Feuchtigkeit angereicherte Luft tritt über vorhandene Randstreifen oder Ausgleichsbohrungen im Fußboden aus und wird im ständigen Kreislauf durch den Trockner wieder getrocknet. Gleichzeitig trocknen die Wände mit aus. Die feuchte Raumluft wird nach außen abgeleitet.

Das Druck-Verfahren kann nicht überall angewendet werden, weil sich zum Beispiel Gussasphalt unter der Wärmeeinwirkung plastisch verändert oder Kleinstteile aus Dämmungen (wie Fasern und organischer Befall) herausgelöst werden können. Zusätzlich besteht die Gefahr von Haarrissen in zu dünnen oder desolaten Estrichschichten. In solchen Fällen wird das Druckverfahren einfach umgekehrt und ein **Saug- oder Vakuumverfahren** eingesetzt: Dabei wird vorgetrocknete Raumluft über den freigelegten Randstreifen in die Dämmung eingesogen. Die trockene Luft durchströmt den Hohlraum und nimmt kontinuierlich Feuchtigkeit auf. Die feuchte Luft wird durch das Vakuum abgesaugt und ins Freie abgeleitet.

Obwohl die Trocknungszeiten beim Saugverfahren in der Regel länger sind, bietet es einen entscheidenden Vorteil: Das Wasser kann nicht in Bereiche gedrückt werden, die vor Beginn der Trocknung noch trocken waren. Eventuelle Folgeschäden der technischen Trocknung werden also vermieden. Außerdem verseifen Kleber unter Teppichböden und PVC-Bahnen nicht mehr durch aufsteigende Feuchtigkeit im Zementestrich, da diese nicht – wie eventuell beim Druckverfahren – weiter in die Estrichplatte gedrückt wird. Ein erheblicher Vorteil ist die sehr stark minimierte Raumluftbelastung mit Schimmelpilzsporen und Schmutzpartikeln, so dass nach dem Leitfaden zur Schimmelpilzsanierung des Umweltbundesamtes nur das Saugverfahren empfohlen wird. Das Saugverfahren wird heute bei 98 % aller Hohlraumtrocknungen angewandt. Dieses Verfahren entspricht somit den anerkannten Regeln der Technik. Die durch den Unterdruck mit herausgesogenen Schmutzpartikel, Stäube, Fasern und Sporen werden direkt nach draußen abgeleitet. – Wie auch die feuchte Luft, die nicht erneut im Raum getrocknet werden muss. Die Räume sind während der Trocknung nutzbar.

Wenn im Druckverfahren mittels Verdichter die Prozessluft unter die Estrichplatte durch das Dämmmaterial Mineralwolle gedrückt wird, tritt die Prozessluft an den Randfugen wieder aus und vermischt sich mit der Raumluft. Dies ist aus Funktionssicht nicht grundsätzlich falsch – das Verfahren fand über viele Jahre hinweg erfolgreich Anwendung in der Branche, die Dämmschicht wird dabei schnell entfeuchtet. Doch ist hier in der Regel mit einer hohen Raumluftbelastung durch organische und anorganische Materialien zu rechnen. Das kann zu einer gesundheitlichen Beeinträchtigung der Personen führen, die sich in den Räumen aufhalten. In diesem Fall waren Patienten, Arzt und Mitarbeiter gefährdet worden. Und gerade in einer Kinderarzt-Praxis muss man damit rechnen, dass die kleinen Patienten, die teilweise an Asthma oder Allergien leiden, besonders empfindlich auf organisch belastete Raumluft reagieren. Kein schöner Gedanke also! Um derlei zu vermeiden, hätte die Installation der Anlagen im Saugverfahren erfolgen müssen. Dann wäre die belastete Prozessluft entweder über einen Filter gereinigt oder per Schlauch aus dem Fenster ins Freie geleitet worden.

Jetzt war eine Untersuchung der Raumluft und des Inventars durch einen chemisch-biologischen Sachverständigen unausweichlich, um den Hygieneanforderungen einer Arztpraxis gerecht zu werden und eine Belastung mit Faserdämmstoffen oder einen biologischen Befall auszuschließen. Die sich anschließende Feinreinigung der Arztpraxis kostete rund 8 000,– Euro plus Mehrwertsteuer. Betriebsausfallkosten kamen noch hinzu, da die Praxis für weitere fünf Tage geschlossen bleiben musste.

Fazit

- Elektrische Feuchtemessungen können leicht verfälscht werden.
- Es ist keineswegs egal, ob ein Baustoff per Saug- oder per Druckluftverfahren entfeuchtet wird.
- Ob ein Trocknungsverfahren geeignet ist, hängt auch davon ab, ob und in welcher Weise die Räume während und nach der Maßnahme genutzt werden.

4.4 Geruchsbelästigungen aus der Wand Die unangenehmen Auswirkungen von Rattenbefall

Es war Hochsommer, als mich der Eigentümer eines etwa 80 Jahre alten Wohnhauses anrief. Schon seit Wochen hatte er seinen an einer Außenecke gelegenen Büroraum nicht mehr genutzt, weil es darin unerträglich roch.

Das Wohnhaus war in massiver Bauweise errichtet und nicht unterkellert. Das Außenmauerwerk war aus Bruchstein erstellt und seine Außenfassade in ihrem Ursprungszustand belassen. Etwa acht Jahre zuvor war im Rahmen einer Sanierung das Außenmauerwerk raumseitig mit einer 4,0 bis 5,0 cm starken Innendämmung versehen worden. Die Polystyrol- und Gipskartonplatten wurden direkt auf die Wand aufgebracht und tapeziert. Auf den Boden war bei derselben Sanierung eine dünne Betonschicht aufgebracht worden, darüber anschließend eine Folie, eine Polystyrol-Dämmung und schwimmender Estrich. Obenauf lag ein PVC-Belag. Am Tag der Ortsbegehung wurde gerade die Außenfassade durch einen Malerbetrieb gestrichen. Es machte alles einen sehr ordentlichen Eindruck; offenbar bemühte sich der Eigentümer darum, das Gebäude gut zu erhalten.

Umso heftiger stieg mir im vormaligen Arbeitszimmer der unerwartete Geruch in die Nase. Mehrere Handwerker, die der Eigentümer zuvor befragt hatte, vermuteten einen Tauwasserausfall hinter der Innendämmung und einen daraus resultierenden Schimmelpilzbefall. Doch der streng-säuerliche Geruch passte meines Erachtens nicht zu dem typisch muffigen Geruchsbild von Schimmelpilzen. Meine Feuchtemessungen ergaben durchweg trockene Baustoffe; lediglich an einer aufgehenden Wand zwischen Arbeits- und Wohnzimmer konnte ich eine leichte Durchfeuchtung feststellen, für die sich zunächst keine Erklärung fand. An dieser Wand verliefen keinerlei Leitungen, aus denen Wasser lecken konnte. Und auch für von außen eindringendes Wasser gab es keine offensichtlichen Gründe. Stammte der Geruch vielleicht gar nicht von Wasser, sondern von einer ganz anderen Feuchtigkeit?

Im Sockelbereich des Außenmauerwerks entdeckte ich Lüftungslöcher, die nur teilweise und dann unzureichend mit einer Schutzkappe versehen waren. Mittels eines Endoskops spähte ich durch diese Öffnungen und entdeckte, was ich schon vermutet hatte: Kot!

Offensichtlich hatten sich Tiere, ich tippte sofort auf Ratten, in der Innendämmung eingenistet und Kot und Urin abgegeben, was zu dem strengen Geruch geführt hatte. Ich empfahl dem Bauherrn, die Innendämmung zu öffnen, was drei Tage später geschah. Am Fußpunkt der Außenwand zur Straße entdeckten wir große Mengen Kot (Bild 4.6).

Dasselbe Bild an der Außenwand zum Garten. Auch in der Innendämmung über dem Fenstersturz fand sich eine massive Ansammlung von Rattenkot und Dreck (Bild 4.7). Die Nager hatten sich offensichtlich in die Trittschalldämmung unter dem

Bild 4.6: Hinter der Innendämmung am Fußpunkt der Außenwand zur Straße treten große Mengen Kot zutage.

Bild 4.7: Auch in der Innendämmung über dem Fenstersturz gibt es eine massive Ansammlung von Rattenkot und Dreck.

Estrich hineingefressen und sind dann hinter der Innendämmung in das erste Obergeschoss gezogen. Außerdem hatten sie sich durch eine Wandöffnung hinter die Innendämmung in die angrenzende Küche vorgearbeitet.

Als wir die Innendämmung der Wand öffneten, an der ich ein paar Tage zuvor erhöhte Feuchtewerte gemessen hatte, wurde schnell ersichtlich, welche Art von Feuchtigkeit das Messgerät hatte ausschlagen lassen: Deutlich waren die Kotlaufspuren auf der Putzoberfläche zu erkennen (Bild 4.8). Der Putz hatte sich mit dem Urin und allen weiteren Ausscheidungen der Ratten regelrecht vollgesogen.

Bild 4.8:
Der Putz hat sich mit Urin und anderen Ausscheidungen vollgesogen.

Ein Labor bestätigte den Verdacht auf Rattenkot. Und im Nachhinein erinnerte sich der Eigentümer, dass er und seine Frau in der Vergangenheit gelegentlich seltsame Geräusche gehört hatten, die nicht zuzuordnen waren, und dass der Hund im Arbeitszimmer schon mal scheinbar ohne Grund angeschlagen habe.

Ratten und Mäuse

Die in unseren Breiten auftretenden Nager sind hauptsächlich Wanderratten (Rattus norvegicus), die Hausratte (Rattus rattus) und Hausmäuse (Mus musculus). Diese drei Arten leben schon seit Jahrhunderten in der Nähe des Menschen und waren bislang nicht auszurotten. Ratten und Mäuse findet man überall, wo Nahrung und Verstecke vorhanden sind. Unter idealen Lebensbedingungen kann ein einziges Mäusepaar über 2000 Nachkommen im Jahr produzieren, ein Rattenpaar etwa 800.

Das Eindringen von Ratten ins Haus kann man erschweren, indem man alle Öffnungen und Schlupflöcher verschließt, dabei sollte auch auf Abwasserschächte und Leitungen geachtet werden. Wer Ratten oder Mäuse im Haus hat, sollte sie wirkungsvoll durch chemische oder nicht-chemische Methoden bekämpfen.

Wo der (etwa 3,5 cm breite) Kieferknochen einer Ratte durchpasst, zwängt sich auch das ganze Tier durch. So können sich Ratten selbst hinter der Innendämmung einer Wand den Weg nach oben bahnen.

Köderfallen sind direkt an Wänden aufzustellen, da die Ratten zur Orientierung mit ihren Barthaaren an den Wänden entlanglaufen. Steht die Falle frei im Raum, ist ein Fangerfolg eher unwahrscheinlich. Fallen müssen mit wechselndem Ködermaterial bestückt werden, sodass die Ratten keine Gewöhnung an die Köder entwickeln. Da die Ratten einen Aufenthaltsradius von mehr als einem Kilometer um ihr Nest halten und somit nur unregelmäßig zum Gebäude zurückkehren, müssen die Fallen mindestens über einen Zeitraum von 14 Tagen in Betrieb gehalten werden.

Zur Beseitigung der Geruchsbildung mussten nunmehr die gesamte Innendämmung und der Putz entfernt werden. Weiterhin waren der komplette Estrich inklusive Trittschalldämmung und Bodenbelag zurückzubauen, da unter der Estrichplatte noch weitere Eintrittsöffnungen, Nester oder verwesende Tierkörper zu erwarten waren.

Geruchsbekämpfung

Gerüche können neutralisiert beziehungsweise überlagert werden durch

- **Duftträgerstoffe:** Sie werden über ein Trägermedium (verdunstetes Wasser) in der Luft verteilt: Die simpelste Form von Geruchsbeseitigung ist die Überlagerung durch einen anderen, angenehmeren Geruch. Auf diesem Prinzip basieren die meisten Raumbeduftungsanlagen, seien es Öllämpchen, Duftkerzen oder Räucherstäbchen, WC-Steine oder Duftbäumchen am Autorückspiegel.
- **Ionisierung der Luft:** Die meisten Gerüche sind Kohlenwasserstoff-Verbindungen in unterschiedlich langen Ketten. Durch den Einsatz eines Raum-Ionisators wird die Luft mit negativen Ionen angereichert, sodass die Kohlenwasserstoff-Verbindungen in CO_2 und H_2O zerlegt werden. Durch die verkürzte oder veränderte Struktur der Geruchsmoleküle ändert sich automatisch auch der Geruch oder verschwindet gänzlich. Eine Ionisierung dauert – je nach Geruchsbelastung – etwa eine bis drei Wochen.
- **Ozonanreicherung der Luft:** Eine sogenannte Ozonbehandlung wird vorzugsweise nur bei kleinen Räumen mit Geruchsbelästigung (zum Beispiel in Gebrauchtwagen) angewendet. Der Raum wird vollkommen abgedichtet und etwa 24 Stunden mit Ozon angereichert. Durch die oxidierende Wirkung des Ozons werden Geruchsmoleküle in geruchsneutrale Stoffe umgewandelt. Dabei werden auch an sonst unzugänglichen Stellen Keime und geruchsverursachende Bakterien zuverlässig abgetötet. Der Raum ist anschließend nicht nur geruchsfrei, sondern auch desinfiziert. Das Verfahren ist sehr aufwändig, relativ teuer und birgt gesundheitliche Risiken.

- **Heißnebelverfahren (Fogging):** Beim Heißnebelverfahren wird in einen geschlossenen Raum Glykol verdampft, der chemische, geruchsbindende oder insektizide Zusatzstoffe enthält, Glykol ist das Trägermedium. Der Nebel bleibt relativ lange, nämlich bis zu 20 Stunden im Raum, bevor er absinkt. Die Verteilung ist gut, und es wird jeder Winkel des Raumes erreicht. Nach der Anwendung sollten die Räume mindestens eine Stunde geschlossen bleiben und vor dem Betreten gut durchlüftet werden.
- **Probiotische oder mikrobielle Reiniger:** Sie sind vor allem für Urin-, Verfaulungs- und andere unangenehme Zersetzungsgerüche geeignet. Sie enthalten Bakterien, die die Geruchsmoleküle verzehren.

Danach würde man eine umfangreiche Biozidbehandlung des Innenraums einleiten und abschließend eine Geruchsneutralisation mittels Ozon so oft wiederholen, bis sich die Geruchsbelästigung eingestellt hätte.

Erst dann würde man mit dem Wiederaufbau des Raums beginnen können, aber der wäre dann wenigstens garantiert ratten- und geruchsfrei!

Fazit

- Auch Tiere verursachen »Feuchteschäden«.
- Lüftungslöcher sind perfekte Einstiegsöffnungen für Schädlinge, die eventuell ganz andere Arten von Wasser hinterlassen.
- Ein Trocknungsmonteur muss sich manchmal auch als »Trocken-Dompteur« beweisen.

4.5 (M)ein Keller voller Fäkalien Was sind die Folgen eines Abwasserrohrbruchs? Und was kostet die Schadensbehebung?

Leider ist es nicht so, dass man als Trocknungsunternehmer vor Feuchteschäden gefeit wäre. Auch wenn man weiß, wie man Schäden erkennt und behebt, können sie trotzdem passieren. So wurde ich selbst Opfer eines Wasserschadens, der ekelhafter wohl kaum sein konnte.

Die ersten Wasserflecken entdeckte ich etwa vier Jahre, nachdem ich mit meiner Familie ein unterkellertes Einfamilienhaus in Holzrahmenbauweise am Stadtrand von Bielefeld bezogen hatte. Die Flecken fanden sich auf dem Fußboden im Keller und waren so geringfügig, dass ich ihnen keine allzu große Bedeutung gab, sondern sie einfach wegwischte. Gewissenhaft und leicht verärgert meldete ich dem Bauunternehmer, der unser Haus verantwortlich erstellt hatte, zusammen mit anderen Mängeln (einer Störung in der Regenwassernutzungsanlage und einem defekten Rollladenmotor) auch meine Vermutung, dass das Wasser aus der Revisionsöffnung des Fallrohrs im Waschkeller ausgetreten sei.

Ein paar Monate später, im Juni 2006, kam es zu schweren Regenfällen in unserer Region, und dieses Mal war der Wasserschaden keine Lappalie mehr, sondern immens:

Zum Glück war Sonntag, zum Glück war ich zu Hause, zum Glück entdeckte ich den Schaden selbst. So konnte ich mit eigenen Augen sehen, wie das Abwasser über das Ausgussbecken und einen Überlaufstutzen der Therme im Waschkeller austrat und sich binnen Minuten im gesamten Kellergeschoss ausbreitete. Die Brühe bedeckte den kompletten Fußboden. Ohne professionelle Ausrüstung war hier nichts zu machen. Erfreulicherweise war mir ein ausgezeichnetes Trocknungsunternehmen

Bild 4.9: Fehlende Rückstauklappen: Bei zu hohem Wasseraufkommen kann das Schmutzwasser in die Ausgüsse zurückgedrückt werden.

bestens vertraut, und ich wusste sogar die Handy-Nummer des firmeneigenen Notdienstes auswendig, sodass kurze Zeit später zwei meiner Mitarbeiter mit ihren hilfsbereiten Ehefrauen anrückten und den Keller leer pumpten.

Die Ursache des Schadens war unbestreitbar: Das Bauunternehmen hatte versäumt, Rückstauklappen zu installieren. Deswegen konnte das Schmutzwasser bei zu hohem Wasseraufkommen über die Abwasserleitungen ins Haus zurückfließen und zum Beispiel durch die Ausgüsse in die Waschbecken gedrückt werden (Bild 4.9).

Abwasserleitungen und Rückstausicherung

Als Abwasser wird nicht nur durch Gebrauch verändertes, sondern auch jedes Wasser bezeichnet, das in die Entwässerungsanlage fließt (zum Beispiel häusliches Schmutzwasser, industrielles und gewerbliches Abwasser, Kondensate und Regenwasser).

DIN EN 12056 unterscheidet folgende Abwasserarten:

- **Als häusliches Abwasser** wird Abwasser aus Küchen, Waschküchen, Badezimmern, Toiletten und ähnlichen Räumen bezeichnet.
- **Als industrielles Abwasser** wird Abwasser bezeichnet, das nach industriellem oder gewerblichem Gebrauch verändert und verunreinigt ist, einschließlich Kühlwasser.
- **Als Grauwasser** wird fäkalienfreies Abwasser bezeichnet.
- **Als Schwarzwasser** wird fäkalienhaltiges Abwasser bezeichnet.
- **Als Regenwasser** wird Wasser aus natürlichem Niederschlag bezeichnet, das nicht durch Gebrauch verunreinigt wurde.

Abwasserleitungen und die dazugehörigen Lüftungsleitungen müssen beständig gegen Abwässer und die daraus entstehenden Gase sein. Sie sollten so beschaffen sein, dass Ablagerungen, Verstopfungen und Inkrustierungen nicht begünstigt werden. Unterschiedliche Werkstoffe müssen untereinander verträglich sein. Die einzelnen Teile einer Abwasserleitung sollten untereinander austauschbar sein. Darüber hinaus müssen Abwasserleitungen erhöhten Temperaturen (bis zu +95 °C) standhalten können. Rohrleitungen müssen so verlegt werden, dass sie von selbst leer laufen können. Der Leitungsquerschnitt darf sich in Fließrichtung nicht verengen.

Typische Mängel beziehungsweise Schäden an Abwasserleitungen können wiederkehrende Verstopfungen bei Grund- und Fallleitungen (durch falsche Dimensionierung der Leitungen), Bruch von Rohrleitungen (durch Stoß- und Schlagbelastung), Korrosion (aufgrund falscher Materialien) oder Überflutungen bei Rückstau sein.

Ablaufstellen, die unterhalb der Rückstauebene liegen, sind dauerhaft gegen die Folgen von Rückstau (zum Beispiel Überflutung mit Schmutzwasser) zu schützen. Dafür gibt es spezielle automatische, halbautomatische oder manuell betriebene **Rückstausicherungen**. Rückstauklappen sind die einfachste Sicherungsmöglichkeit bei Abwasserrückstau. Zur Absicherung sind Einzelklappen nur bedingt geeignet, deshalb werden bei Rückstauverschlüssen mindestens zwei voneinander unabhängig wirkende Rückstausicherungen und eine Handabsperrmöglichkeit kombiniert. Darüber hinaus sind nicht genutzte Ablaufstellen unterhalb der Rückstauebene zu verschließen. Soll die tiefer liegende Ablaufstelle auch während der Rückstauphase genutzt werden, muss eine Rückstausicherung mit Entwässerungspumpe eingebaut werden.

Leider war trotz dieser glücklichen Umstände das Problem noch längst nicht gelöst, im Gegenteil: Am Ende traf ich mich mit dem Bauunternehmer vor Gericht, denn er weigerte sich, die Kosten der Schadensbehebung zu übernehmen – und zwar nicht, weil die Ursache strittig war, sondern weil der Bauunternehmer anzweifelte, dass die Behebung in diesem Umfang notwendig gewesen war. Am Ende hatten sich die Kosten nämlich auf den stattlichen Betrag von rund 28 000,– Euro summiert. Nur zum Vergleich: Ein Kunststoffablauf mit Rückstausicherung kostet im Fachhandel etwa 280,– Euro.

Aber wieso waren so hohe Kosten entstanden, wo ich doch als Trocknungsexperte sofort vor Ort war und alle notwendigen Maßnahmen unmittelbar nach Schadenseintritt in die Wege leiten konnte? Nun, der Reihe nach:

Unmittelbar, nachdem der Keller leer gepumpt war, nahmen wir eine technische Trocknung des Fußbodenaufbaus – schwimmender Estrich – vor und behandelten den Hohlraum unter dem Estrich und alle angrenzenden Bauteile mit einem Biozid. Doch als wir nach sechs Wochen Trockenzeit in den Bohrlöchern eine bräunliche Verfärbung der Polystyrol-Hartschaumdämmung unterhalb des Estrichs erkannten (Bild 4.10), war klar, dass es mit Trocknen nicht getan war. Wir entnahmen eine Probe und schickten sie ins Labor: Das Ergebnis war schlimmer als befürchtet, denn es wurde eine hohe bis sehr hohe Belastung durch Schimmelpilze und Bakterien festgestellt. Das Labor empfahl, die Hartschaumdämmung komplett zu entfernen und zu erneuern. Wir ließen zur Sicherheit ein zweites Gutachten erstellen, das zu demselben Ergebnis kam. Die mikrobiologische Belastung war so hoch, dass ein kompletter Rückbau des Estrichs inklusive Dämmung und Fliesen notwendig war. Leider konnte ich im Jahr 2006 das erst im Jahr 2010 veröffentliche »Informationsblatt zur Beurteilung und Sanierung von Fäkalienschäden im Hochbau« noch nicht heranziehen. In diesem, vom Berufsverband Deutscher Baubiologen VDB e. V. herausgegebenen Schriftstück wird über die Gefährdungsbeurteilung bis hin zur Sanierungskontrolle das Vorgehen bei einem Fäkalienschaden beschrieben.

Bild 4.10:
Die bräunliche Verfärbung der Polystyrol-Hartschaumdämmung deutet auf eine hohe Belastung durch Schimmelpilze und Bakterien hin: Die Dämmung muss komplett erneuert werden.

Inzwischen waren Monate vergangen. Etwa zwei Monate nach dem Schadensfall war ein Mitarbeiter des Bauunternehmens aufgetaucht, hatte die fehlende Rückstausicherung als Schadensursache anerkannt und den Einbau von manuellen Rückstauklappen vornehmen lassen. Doch in den Wintermonaten musste ich ein weiteres Mal oberflächlich leichte Pfützenbildung auf dem Kellerboden feststellen, und inzwischen war auch die Geruchsbildung so eindeutig, dass kaum noch Zweifel an einer massiven Schädigung durch Schimmelpilze und Bakterien möglich war: Als wir im April endlich den Estrich entfernten, war klar, dass auch nach der Montage der Rückstauklappen immer wieder Feuchtigkeit in den Boden eingedrungen sein musste und sich unterhalb der Estrichplatte verteilt hatte.

Die manuellen Rückstauventile waren entweder defekt oder nicht fachgerecht eingebaut, was mich ehrlich gesagt nicht wunderte, da der Mitarbeiter des Bauunternehmens, der für die Installation zuständig war, keinen überzeugenden Eindruck hinterließ: So hatte er übersehen, eine Rückstausicherung unterhalb der Heizungsanlage einzubauen, und musste, nachdem ich das Fehlen bemängelt hatte, ein zweites Mal erscheinen, um den Einbau nachzuholen. Einem solch unerfahrenen Handwerker war ein weiterer Installationsfehler durchaus zuzutrauen. Da ich selbst nicht über das notwendige Fachwissen verfügte, holte ich mir fachkundigen Rat bei einem Installationsbetrieb. Dort erfuhr ich, dass der Einbau von Rückstauventilen im Nachhinein sehr schwierig sei und dass die eingebauten Rückstauklappen nicht ausreichten, erst recht nicht, wenn die im Keller vorhandene, aber bislang ungenutzte Toilette in Betrieb genommen würde. Eigentlich gab es nur die – allerdings relativ kostspielige – Lösung einer elektronischen Rückstausicherung, die ich im Mai im Außenbereich des Hauses installieren ließ.

Und noch etwas kam ans Licht, als wir den Estrich zurückgebaut hatten: Bis zu diesem Zeitpunkt waren alle Beteiligten fälschlicherweise davon ausgegangen, dass die auf der Sohle verbauten Bitumenbahnen mit dem Beton verschweißt und nicht

Bild 4.11: Schlimme Entdeckung nach Rückbau des Estrichs: Das mit Fäkalien belastete Wasser hatte sich auch unterhalb der verschweißten Bitumenbahnen verteilt.

als selbstklebende Abdichtungsbahnen verlegt worden waren, die nur an den Stößen überlappen und daher in der Fläche von Wasser kapillar unterwandert werden können. Erst jetzt konnte festgestellt werden, dass sich das mit Fäkalien belastete Wasser auch unterhalb der Abdeckung verteilt hatte (Bild 4.11).

Bitumen-Schweißbahn

Eine Bitumen-Schweißbahn ist ein heiß zu verarbeitendes Bautenschutzmittel und besteht aus einem Träger (Glasvlies, Glasgewebe, Polyestervlies oder auch Jutegewebe), der in Destillationsbitumen getränkt und anschließend beidseitig mit Oxidationsbitumen beschichtet wird. Schweißbahnen werden als Dach- und Dichtungsbahnen in Rollen geliefert, die etwa 1,0 m breit und 10 m lang sind.

Damit das Bitumen an der abzudichtenden Fläche klebt, wird es in den meisten Fällen bei der Verlegung erhitzt, also geschweißt (es gibt auch selbstklebende Bahnen). Muss die Schweißbahn neben der Abdichtung gegen eindringende Feuchtigkeit noch weitere Funktionen wie Durchwurzelungsschutz übernehmen oder als Dampfsperre dienen, wird neben der doppelten Trägereinlage noch ein Aluminium- oder Kupferband in die Schweißbahn integriert. Wird eine Bitumenbahn als reine Dampfsperre oder Trennlage eingebaut, wird sie nicht vollflächig, sondern nur an den Rändern verklebt.

Mit Bitumen-Schweißbahnen werden nicht nur Dachflächen abgeklebt, sondern auch Brücken, Parkhäuser und Gebäudedecken, die erhöhten Ansprüchen gegen von außen eindringendes Wasser gerecht oder mit Erdreich zur Dachbegrünung überdeckt werden sollen.

Hier war eine technische Trocknung unmöglich, da der Prozessluftstrom nicht in diese Zonen geleitet werden kann, auch eine Desinfektion dieses Bereichs war ausgeschlossen. Spätestens jetzt war klar, dass der Estrich und die darunterliegende Bitumenbahn komplett zurückgebaut werden mussten.

Genau das bestritt aber das verantwortliche Bauunternehmen. »Entweder man trocknet, oder man baut zurück«, war die beharrliche Aussage – die grundsätzlich stimmte. Allerdings setzt das voraus, dass der Bodenaufbau dies zulässt und eine Trocknung nicht durch permanent neue Feuchtigkeit aufgrund von fehlenden oder falsch montierten Rückstauventilen zunichte gemacht wird.

Da sich das Bauunternehmen ohnehin in keiner Weise kooperativ zeigte – der zuständige Mitarbeiter ließ sich das erste und einzige Mal drei Monate nach dem Wasserschaden am Schadensort blicken –, sah ich mich im Recht. Schließlich hatte ich mich fortlaufend bei diversen Sachverständigen rückversichert, sodass ich nicht nur meine eigenen Messungen und Interpretationen durch unabhängige Dritte bestätigt bekommen hatte, sondern auch Expertenmeinungen zu diversen weiteren Baumängeln vorlagen:

Erst sehr spät hatte mich einer der Sachverständigen darauf hingewiesen, dass die Rohrdurchführungen der Fallrohre durch die Betonsohle nicht fachgerecht abgedichtet worden waren, sodass Wasser zwischen Beton und Rohr eindringen konnte.

Ein anderer Sachverständiger entdeckte außerdem Kiesnester in der Betonaußenwand, also stark poröse, meist oberflächennahe Anhäufungen von Kies mit zu wenig Feinanteilen und Zement, die entstehen, wenn die Abstufung der Korngrößen nicht auf die Gegebenheiten der Baustelle abgestimmt sind. Kiesnester führen zu einem schlechten Verbund des Betons, beeinträchtigen die Tragfähigkeit der Konstruktion, vermindern den Korrosionsschutz und erhöhen die Wasserdurchlässigkeit.

Und schließlich entdeckte der Sachverständige auch noch Rost an der Bewehrung, also an der gerippten Stahleinlage im Beton, die eigentlich nirgends sichtbar sein darf. Eine sichtbare Bewehrung und damit einhergehende Korrosionsschäden gelten als gravierende Mängel. Die nachträgliche Sanierung einer fehlerhaft eingebauten Bewehrung ist extrem teuer, da sie meist nur mit hohem Aufwand möglich ist!

Das Bauunternehmen scheute die hohen Kosten, aber vor allem fürchtete es eine Klagewelle von weiteren Käufern, die durch meinen Fall ermutigt werden könnten, bauliche Mängel anzumelden und finanzielle Entschädigungen einzufordern. Es beharrte also darauf, alles richtig gemacht zu haben, und brachte fortlaufend neue Mutmaßungen über die wahre Schadensursache in Umlauf, obwohl es doch schon zu Beginn der Sanierungsarbeiten das Fehlen von Rückstauventilen zugegeben und einen nachträglichen Einbau veranlasst hatte. Doch jedes Argumentieren war sinnlos.

Am Ende musste ein Gericht den Fall entscheiden. Doch noch während des laufenden Verfahrens hat das Bauunternehmen Insolvenz angemeldet, da noch weitere Klagen vorlagen. Alle Verfahren wurden eingestellt, und so habe ich letztlich nicht einen Cent erhalten.

Fazit

- Wiedersehen macht überhaupt keine Freude, wenn es um Abwasser geht.
- Selbst für einen Experten ist nicht immer erkennbar, wie tief Wasser in den Bodenaufbau eingedrungen ist.
- Lawinengefahr auf der Baustelle: Ein kleiner Baufehler – zum Beispiel ein vergessenes Rückstauventil – kann später gewaltige Kosten verursachen.

4.6 Heizwasserschaden beim Heizungsmonteur

Wie ein »Sachverständiger« einen Keller trockenlegen wollte, den man nicht trockenlegen konnte.

Am zweiten Weihnachtsfeiertag besuchte Herr Bastian mit seiner Familie die Schwiegereltern zu Kaffee und Kuchen. Als sie am frühen Abend nach Hause kamen, stand ihr Keller unter Wasser. Eine Leitung der Heizungsanlage war geborsten. Circa 300 Liter Wasser waren auf den betonierten Kellerflur gelaufen und hatten sich bis in den Abstellkeller nebenan verteilt. Die Familie schaufelte und wischte das freie Wasser sofort auf, dann wandte sich Herr Bastian, der als selbstständiger Unternehmer einen Sanitär- und Heizungsbetrieb leitete, wegen des weiteren Prozederes umgehend an Herrn Christoph. Erst vor kurzem hatte er dessen Heizungsanlage erneuert und wusste daher, dass Bauingenieur Christoph nicht nur als Sachverständiger für Bauschäden tätig war, sondern dass seine Firma auch technische Gebäudetrocknungen vornahm. Darum beauftragte der Hauseigentümer ihn mit der Trocknung der Bodenfläche und der Wände in seinem Keller. Christoph kam auch, sah und trocknete. Allerdings mit einem so fragwürdigen Ergebnis und zu so hohen Preisen, dass die Versicherung skeptisch wurde und einen Schadenregulierer entsandte, der mich als Sachverständigen einschaltete.

Zunächst aber mussten wir klären, ob zwischen Hauseigentümer und Trocknungsfirma eine vertragliche Vereinbarung über die Kellertrocknung, insbesondere über den vereinbarten Preis, existierte. Es obliegt einem Sachverständigen wie mir im Rahmen einer privaten Beauftragung nämlich nicht, einen über die Grundsätze der Vertragsfreiheit vereinbarten Preis zu überprüfen oder gar zu kritisieren, selbst wenn die Vertragspartner einen Stundensatz von 0,20 Cent oder 1 000,– Euro vereinbart hätten. Womöglich verstößt eine solche Preisabsprache gegen die guten Sitten, aber das kann nur ein Gericht klären. Gutachter können bei Vorlage eines schriftlichen Vertrags lediglich technische oder Ausführungsmängel attestieren und ihrem Auftraggeber empfehlen, die berechneten Leistungen bei Abweichungen nur in einem bestimmten Maße anzuerkennen.

Überprüfung von Rechnungen

»Gutachter« oder »Sachverständige« werden bei Meinungsverschiedenheiten im Privatbereich beauftragt und unterstützen Gerichte bzw. Behörden bei der Entscheidungsfindung, indem sie Fach- und Sachfragen untersuchen und ihre fundierten Schlussfolgerungen in Gutachten darstellen. Oftmals arbeiten sie hauptberuflich in ihrem Fachgebiet und verfügen über eine überdurchschnittliche Expertise, die sie auf ihrem Spezialgebiet erworben haben. Hierzu gehört auch den unbestimmten Rechtsbegriff »markt- und ortsübliche Vergütung« mit Fachwissen auszufüllen.

Dabei hat sich der Sachverständige im Vorfeld die Frage zu beantworten, ob es sich um eine Rechtsfrage oder eine Fachfrage handelt. Er muss vor der Ermittlung der »markt- und ortsüblichen Vergütung« prüfen, ob die entscheidende Voraussetzung – kein festgelegter Preis – vorliegt, sodass er ein Gutachten hierüber erstatten darf (§ 632 Abs. 2 BGB). Ansonsten würde er in die Vertragsfreiheit der Parteien eingreifen, was ihm in keiner Weise gestattet ist (Rechtsfrage).

Diese Prüfung ist nur Aufgabe im Rahmen einer privaten Beauftragung. Bekommt der Sachverständige vom Gericht den Beschluss die »Markt- und Ortsüblichkeit der Preise« zu ermitteln, ist diese Rechtsfrage von einem Richter im Vorfeld geprüft worden.

Der Sachverständige muss die Einzelvoraussetzungen nach § 632 Abs. 2 BGB in einer eigenen Abfolge durchprüfen. Die nachfolgende Vorgehensweise hat sich in der Praxis bewährt:

1) Handelt es sich um eine Rechnung über eine Arbeit, in der der Sachverständige sein Bestellungsgebiet besitzt und somit eine entsprechende »Marktkompetenz« aufweist?
2) Hat es im Vorfeld einen Einigungsversuch zwischen den Parteien über die Vergütung gegeben und wenn ja, ist dieser Anlauf ohne Erfolg geblieben?
3) Waren die abgerechneten Preise nicht vereinbart?
4) Kann der Sachverständige die Kritik des Auftraggebers an den abgerechneten Rechnungspositionen nachvollziehen?
5) Ist der Auftraggeber damit einverstanden, den Auftragnehmer mit in die Rechnungsprüfung einzubeziehen, ihm die Gelegenheit zur Stellungnahme zu gewähren (rechtliches Gehör)?

Wenn alle fünf Fragen durch den Sachverständigen im Vorfeld der Beauftragung mit »Ja« beantwortet werden können, kann ein Vertrag über die Erstattung eines Gutachtens mit der Fachfrage: »Sind die abgerechneten Preise in der Rechnung markt- und ortsüblich?« durch den Sachverständigen abgeschlossen werden. Die zentrale Frage ist natürlich der Punkt 3), da hier die »Vertragsfreiheit« berührt wird.

Hauseigentümer und Trocknungsunternehmer erklärten auf meine telefonische Nachfrage hin übereinstimmend, dass der Auftrag nur mündlich erteilt worden war und ohnehin keine Preisabsprachen stattgefunden hätten. Daher traf ich mich Mitte März gemeinsam mit zwei Vertretern der Versicherung im Hause Bastian um zu prüfen, ob die abgerechneten Leistungen der Firma Christoph markt- und ortsüblich waren und ob die Trocknungsmaßnahmen sach- und fachgerecht ausgeführt

Bild 4.12: Am Ort der Leitungsleckage wiesen die Wände massive Altschäden durch Salz- und Feuchtebelastung auf.

wurden. Firmenchef Christoph blieb dem Ortstermin mit der Begründung fern, dass er den Verdienstausfall nicht bezahlt bekäme.

Dabei hätte ich gerne seine Sicht der Dinge gehört, insbesondere in seiner Funktion als Sachverständiger für Bauschäden. Schon beim Betreten des Kellers war nämlich anhand der Schadensbilder auf der Putzfläche ganz offensichtlich, dass die Kellerwände eine erhebliche Salz- und Feuchtebelastung aufwiesen. Kein einziger der mit meinem elektronischen Feuchtemessgerät in Stichpunkten ermittelten Werte war als »trocken« einzustufen. Auch die Schadensecke im Kellerflur, wo die Leckage sich ereignet hatte, zeigte massive Altschäden.

Als nächstes widmete ich meine Aufmerksamkeit der aufgehenden Wand zum Abstellkeller hin, an der Prozessluftöffnungen zu erkennen waren. Offensichtlich hatte man versucht, diese Wand technisch zu trocknen. Dabei war ihr Mauerwerk 24 cm dick und im Verbund erstellt. Das war insofern interessant, als es ebenso viel Erfolg verspricht, einen Luftstrom durch einen Vollziegel zu lenken wie durch Stein zu pusten. Die in den Innenwänden verbauten »Ziegel« sind – ebenso wie der Bruchstein der Außenmauern – nicht »luftführend«, eine Luftzirkulation ist also gar nicht möglich. Dennoch hatte die Firma Christoph in mehrere Wände Sacklöcher gebohrt und sie mittels Verdichter und Adsorptionstrockner zu durchlüften versucht. Dass der Hausherr die Anlage aufgrund der starken Geräuschbelastung nach 38 Tagen eigenmächtig abgestellt hatte, war durchaus nachzuvollziehen: Wenn die Luft sich im Mauerwerk nicht verteilen kann, erfahren die Anlagen einen hohen Gegendruck und erzeugen unangenehme, hohe Geräusche.

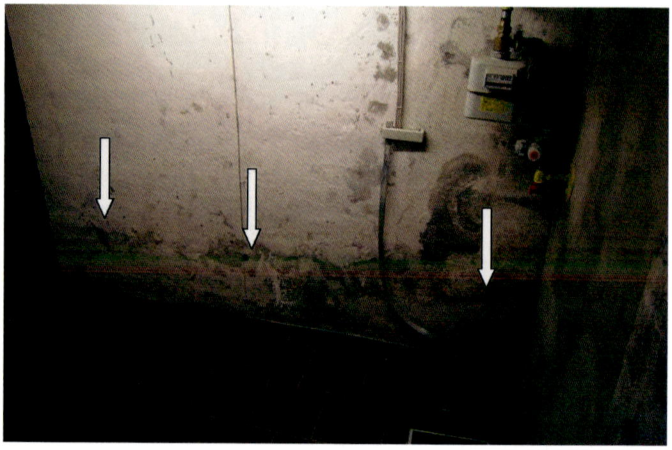

Bild 4.13: Die Trocknungsfirma hatte Prozessluftöffnungen im Massiv des Steins der aufgehenden Wand erstellt, obwohl eine Luftzirkulation gar nicht möglich war.

Mauerwerk

Mauerwerk kann u. a. nach der Entstehungsart der Mauersteine und der Bauart unterschieden werden.

Reine Naturprodukte sind Tuffstein, Basalt, Granit und Porphyr. Bei diesen handelt es sich um Tiefen- bzw. Ergusssteine, wohingegen Kalk- und Sandstein meistens den Sedimentgesteinen zugeordnet werden können.

Neben den Natursteinen gibt es künstliche Steine. Diese sind genormt und werden meist als Einsteinmauerwerk im Verband gesetzt. Sie bestehen aus natürlichen Rohstoffen, die in Form gebracht und dann gehärtet werden, und zwar durch Brennen bzw. durch Dampfdruck, chemische Reaktionen oder Trocknen an der Luft. Gebrannte Steine werden auch als Ziegel bezeichnet, ungebrannte Steine sind z. B. Kalksandsteine, Hüttensteine sowie Porenbeton-, Leichtbeton- und Betonsteine.

Je nach Zusammensetzung nehmen die Steine unterschiedlich schnell Feuchte auf. Gemeinsam haben Sie alle, dass sie langsamer Feuchte abgeben, als sie die Feuchte vorher aufgenommen haben.

Die Trocknungszeiten sind von sehr vielen Einflussfaktoren vor Ort abhängig, sodass Angaben zur Abtrocknungszeit immer als reine Erfahrungswerte zu sehen sind. In der Praxis spielen die Stärke des Mauerwerks, bzw. des Hauptbaustoffes eine große Rolle, da die zu trocknenden Bauteile fast immer aus mehreren verschiedenen Schichten bestehen. Weiterhin haben die vorhandene Verdunstungsoberfläche und deren S_d-Wert, das Außen- und Raumklima, der Durchfeuchtungsgrund sowie der Wassergehalt bei Beginn der Trocknung einen großen Einfluss. Eine exakte Berechnung der Austrocknungszeit eines Bauteils ist somit in der Praxis sehr schwierig und fast nicht durchzuführen.

Die Arbeiten waren also weder sach- noch fachgerecht durchgeführt worden. Erschwerend kamen zwei weitere Punkte hinzu:

Erstens konnten Wände und Boden in den maximal vier Stunden, in denen sie durch das ausgetretene Wasser benetzt waren, kaum Feuchte aufnehmen. Daher wäre nach dem Aufnehmen des freien Wassers nur eine Oberflächentrocknung z. B. mittels Ventilatoren und Kondenstrockner nötig gewesen. Der Maschineneinsatz war also vollkommen unnötig gewesen.

Zweitens, und das war für jeden Fachmann offensichtlich, war die wahre Ursache für die starke Feuchte- und Salzbelastung kein Wasser-, sondern ein Bauschaden. Das Haus lag an einem Hang, sodass die nicht mit einer funktionsfähigen Abdichtung versehenen Kellerwände an drei Seiten an das umgebende Erdreich grenzten. Von dort drang beständig Feuchtigkeit ein. Dieses Problem ließe sich nur durch sehr kostenintensives Ausschachten, Abdichten der gesamten Kelleraußenmauern und Einbringen einer horizontalen Sperre gegen aufsteigende Feuchtigkeit aus dem Fundamentbereich beseitigen. Solange dies nicht geschieht, sind jegliche Trocknungsmaßnahmen in diesem Keller reine Spiegelfechterei. Der Maschineneinsatz war also vollkommen sinnlos.

Obwohl nun klar war, dass der größte Teil der Trocknungsarbeiten eine Farce oder ein versuchter Versicherungsbetrug gewesen war, galt es noch, die Markt- und Ortsüblichkeit der abgerechneten Preise zu prüfen. Firma Christoph hatte für ihre Trocknungsarbeiten eine Rechnung über 5 400,40 Euro plus MwSt. gestellt. Entsprach diese Summe den markt- und ortsüblichen Preisen? Um das herauszufinden, muss die vor Ort übliche Preisstruktur ermittelt und mit den Erfahrungen des Sachverständigen abgeglichen werden.

Technisch ergaben meine Berechnungen, dass der Einsatz von einem Trockner und einem Bauventilator ausreichend gewesen wäre.

Alle Trockner waren zudem volle 38 Tage im Einsatz. Für die Abtrocknung der leichten Durchfeuchtung der Boden- und eventuell auch unteren Wandflächen wäre dieser Zeitraum definitiv nicht nötig gewesen. Nach meiner Erfahrung und unter Berücksichtigung aller Eventualitäten, wäre eine Einsatzzeit der Trockner über maximal zehn Tagen ausreichend.

Die Preise für die abgerechneten Geräte sowie die Fahrtkosten waren als markt- und ortsüblich einzustufen. Allerdings erschloss sich mir nicht, weshalb Herr Christoph eine relativ einfache Tätigkeit wie das Aufstellen der Trocknungsanlagen zum Stundensatz eines Bauingenieurs abrechnete anstatt zu dem eines Handwerkers. Da er dafür am zweiten Weihnachtstag im Einsatz gewesen war, verdoppelte sich sein regulärer Satz von 80,– Euro zzgl. MwSt. aufgrund des Feiertagseinsatzes auch noch auf 160,– Euro zzgl. MwSt. Allein für seine Ortsbesichtigung und den Aufbau der Trocknungsgeräte berechnete er daher 880,– Euro zzgl. MwSt. Auch um die weiteren Arbeiten kümmerte er sich persönlich – zum Stundensatz von 80,– Euro zzgl.

MwSt.. Orts- und marktüblich sind Handwerker-Stundensätze zwischen 40,– bis 48,– Euro.

Insgesamt, so ergaben meine Kalkulationen, hätte ein seriöses Unternehmen für die sach- und fachgerechte Trocknung des aus der Heizungsanlage ausgetretenen Wassers nur rund 680,– Euro plus MwSt. in Rechnung gestellt. Und nur für diese Arbeiten hatte die Gebäudeversicherung aufzukommen.

Ob und was genau Herr Bastian und Herr Christoph gemeinsam geplant hatten, ob sie die schon lange feuchten Kellerwände auf Kosten der Versicherung trocknen wollten, ob sie womöglich den (tatsächlich geleisteten oder nur vorgegebenen) Arbeits- und Maschineneinsatz mit überhöhten Kosten abzurechnen versuchten und die Versicherungssumme zu teilen beabsichtigten, oder ob der Trocknungsbetrieb den Hauseigentümer übervorteilen wollte, konnte ich nur vermuten. Vielleicht fehlte Herrn Christoph auch jeglicher Sachverstand.

Fest stand dagegen: Die Kellerwände waren feucht und an diesem Zustand würde sich auch nichts ändern.

Fazit:

- Nicht jeder Sachverständige handelt mit Sachverstand.
- Ein fachkundiger Blick hinter die Kulissen des Mauerwerks erspart unsinnige Arbeiten.
- Für einfache Handwerkerarbeiten sind keine Bauingenieurs-Stundensätze zu entrichten.

5 Überprüfen Sie Ihr Wissen

Testfragen

Testfragen aus der technischen Fachprüfung für Trocknungstechniker und Anwärter für die öffentliche Bestellung und Vereidigung zum Sachverständigen

Trocknungstechniker ist bis heute kein offizieller Ausbildungsberuf; es gibt also auch keine offizielle Prüfungsordnung. Um die Qualifizierung meiner eigenen Mitarbeiter sicherzustellen, habe ich selbst einen Fragebogen zur Fachprüfung entwickelt. Außerdem stelle ich derartige Fragen Anwärtern für die öffentliche Bestellung und Vereidigung als Sachverständiger für das Bautentrocknungs-Gewerbe, die von den Handwerkskammern für die technische Fachprüfung an mich verwiesen werden.

Auf der nächsten Seite finden Sie einen solchen beispielhaften Fragebogen. Die Anwärter dürfen Taschenrechner und ein Mollier-hx-Diagramm für die Prüfung benutzen. Für die Beantwortung aller Fragen haben Sie 60 Minuten Zeit.

Wenn Sie mögen, können Sie jetzt Ihr Wissen testen. Wenn Sie alle Praxisbeispiele in diesem Buch verfolgt und auch die Infokästen aufmerksam gelesen haben, müssten Sie eigentlich alle Fragen beantworten können. Zur Sicherheit habe ich Ihnen nachfolgend die richtigen Antworten zusammengestellt.

Viel Erfolg!

Beispielhafter Fragebogen

1. Welche drei grundsätzlichen Trocknungsverfahren für Hohlräume gibt es? Bitte unterscheiden Sie in Ihrer Antwort nach der Führung des Prozessluftstroms.
2. Bei welcher Trocknungstechnik kann die Luft unter 30 % relativer Luftfeuchte getrocknet werden?
3. Welche Trocknungsverfahren eignen sich für einen schwimmenden Estrich mit einer Perliteschüttung als Dämmmaterial? (Begründung)
4. Wie unterscheidet sich die Mikrowellentrocknung grundsätzlich von anderen Trocknungstechniken?
5. Welches Material wird mit der sogenannten Sublimationstrocknung entfeuchtet?
6. Mit welchem Messgerät werden relative Luftfeuchte und Temperatur gemessen?
7. In welcher Raumhöhe werden relative Luftfeuchte und Temperatur gemessen?
8. Wie ist ein durchfeuchteter Leitungsschacht zu trocknen? (Beschreiben Sie, wie die Trocknungsgeräte fachgerecht zu installieren sind!)
9. Wie ist eine Trocknungsanlage zu installieren, um die Raumluft während der Trocknung nicht zu belasten?
10. Was ist beim Messen mit einem kapazitiven Messgerät zu beachten? (Beschreiben Sie in Stichpunkten die Faktoren, die das Messergebnis verfälschen können!)
11. Erklären Sie in Stichpunkten die Funktionsweise eines Adsorptionstrockners!
12. Welche Gefahr besteht bei der technischen Trocknung einer Lagerholzdecke?
13. Wieso darf ein Gussasphaltestrich nicht mit hoher Hitze im Druckverfahren getrocknet werden?
14. Bei welchem Feuchtewert (M-Prozent) ist Tischlerholz als trocken anzusehen, und bei welchem Wert ist die Fasersättigungsgrenze erreicht?
15. Erklären Sie in Stichpunkten den Begriff Wasserdampdiffusion!
16. Wie heißt der Fachbegriff für folgenden Sachverhalt: »Durch Abkühlung von feuchter Luft wird Wasserdampf in Flüssigkeit umgewandelt«?
17. Ist Gussasphalt wasserdicht? Ja oder Nein?

18. Sie müssen eine Holzbalkendecke mit Lehmeinschub und evtl. weiteren Baustoffen, wie z. B. Schutt, Pottasche, etc. trocknen. Welche Geräte setzen Sie ein, und wie viele Quadratmeter Fläche können Sie an eine Turbine / Trocknungsanlage anschließen (ungefährer Wert)? Welche Parameter nehmen hier einen wesentlichen Einfluss?

19. Bei welchem M-Prozent-Wert ist Bauholz als trocken anzusehen?

20. Welche Arten von Fußbodenheizungen gibt es, und in welcher Schicht im Bodenaufbau werden sie verlegt?

21. Ab welcher Temperatur ist der Einsatz von Kondenstrocknern unwirtschaftlich?

22. Zählen Sie die Ihnen bekannten Estricharten auf, unterschieden nach dem Aufbau!

23. Zählen Sie die Ihnen bekannten Estricharten auf, unterschieden nach der Art der Bindemittel.

24. Wozu wird ein Hygrostat benutzt?

25. Wie können Gerüche neutralisiert beziehungsweise überlagert werden? (Verfahren)

26. Was ist ein Thermoanemometer?

27. Wie funktioniert ein Widerstandsmessgerät? (Stichpunkte)

28. Ab welchem Wert relativer Luftfeuchte hat Gipsputz hygroskopisch so viel Feuchte aus der Raumluft aufgenommen, so dass der Putz als »nass« anzusehen ist?

29. Wie viel g/kg Wasser sind in der Luft bei einer Lufttemperatur von +20 °C und 50 % relativer Luftfeuchte enthalten?

30. Wie lange dauert (ungefähr) die Trocknung eines Bodenaufbaus mit Lehmschüttung?

31. Nennen Sie die am häufigsten verbauten Steinarten!

32. Welche Wassersauggeräte kennen Sie?

33. Wie groß sind die Prozessluftöffnungen, die zur Installation der Trocknungsanlage in eine Lagerholzdecke gebohrt werden?

34. Sie befinden sich in einer Wohnung in der zweiten Etage eines Mehrfamilienhauses. Der Kunde sagt Ihnen, dass es sich bei dem Bodenaufbau um eine Konstruktion mit schwimmendem Estrich handelt. Wie überprüfen Sie diese Aussage? Erklären Sie den »klassischen« Aufbau eines Bodens mit schwimmendem Estrich und machen Sie Angaben zu den Maßen!

35. Welches Material findet sich zur Entfeuchtung der Luft in Adsorptionstrocknern?

36. Erklären Sie den Zusammenhang zwischen der Luftleistung eines Adsorptionstrockners und eines einzusetzenden Verdichters! Worauf ist zu achten, und welche Probleme könnten auftreten?

37. Der Kunde bittet Sie, einen Bodenbereich mit anzubohren, der nicht durchfeuchtet ist. Was könnte er für einen Grund haben, Sie darum zu bitten?

Antworten

Hätten Sie alles gewusst? Und auch in 60 Minuten richtig aufgeschrieben? Wenn ja, bravissimo! Wenn es Ihnen schon nach der Lektüre dieses Buchs gelingt, alle Fragen der Fachprüfung für Trocknungsmonteure auf Anhieb richtig zu beantworten, dann sollten Sie sich bewerben! Allerdings ist es ebenso gut möglich, dass in der Prüfung andere Fachfragen auf Sie warten.

Folgende Antworten wären richtig gewesen:

1. Als Trocknungsverfahren gibt es das Unterdruck-, das Überdruck- und das Saug-/Druckverfahren.
2. Unter 30 % relativer Luftfeuchte kann die Luft mit der Adsorptionstechnik getrocknet werden.
3. Für die Trocknung eines schwimmenden Estrichs mit einer Perliteschüttung als Dämmmaterial ist sowohl das Saug-/Druck- als auch das Unterdruckverfahren möglich. Jedoch eignet sich das Saug-/Druckverfahren besser, da über die Mittelöffnungen trockene/erwärmte Luft mittels eines Adsorptionstrockners eingelassen wird. Über diesen Weg wird ein höherer Energieanteil in die Konstruktion gegeben, der die mit Feuchtigkeit angereicherten, sehr porösen Perlitekugeln schneller abtrocknet (eine Perlitekugel nimmt zwischen 23 und 50 M-Prozent auf).
4. Die Mikrowellentrocknung unterscheidet sich von den anderen Trocknungstechniken dadurch, dass sie die Wassermoleküle in Bewegung bringt, bis hierdurch Wärmeenergie entsteht. Dadurch wird ein Verdunstungsvorgang aktiviert. Das Wasser wird aus dem Baustoff in Dampfform herausgetrieben. Alle anderen Trocknungstechniken arbeiten über Konvektion und Diffusion, das heißt, dass die Baustoffe mit erwärmter, getrockneter Luft bestrichen werden, sodass das gebundene Wasser aus ihnen heraus diffundiert.
5. Mit der sogenannten Sublimationstrocknung oder auch Gefriertrocknung wird Papier getrocknet. Das Papier (Akten und Ähnliches) wird direkt an der Baustelle in einen Gefriertransporter verladen und dort eingefroren. In der Trocknungsanlage wird ein Unterdruck erzeugt und die Temperatur in der Kammer erhöht. Gleichzeitig wird die Luftfeuchtigkeit abgesenkt. Dadurch wird der Aggregatzustand »Flüssig« übersprungen, das Wasser direkt in Dampfform überführt und abgezogen.
6. Relative Luftfeuchte und Temperatur werden am besten mit einem Kombimessgerät, dem Thermohygrometer, gemessen. Einzelgeräte (Thermometer, Hygrometer) sind jedoch auch möglich. Eingesetzt werden auch Psychrometer (griechisch psychros = frostig/kühl/kalt).

7. Luftfeuchte und Temperatur werden idealerweise in etwa 1,50 m Raumhöhe (Bauch-/Brusthöhe) gemessen. Ungefähr hier ist die Raummitte, und so wird das Klimamittel erfasst. An der Raumdecke ist es in der Regel wärmer als im Fußbodenbereich. Durch die Temperaturdifferenzen kann die Luftfeuchte variieren. Messergebnisse können verfälscht werden.

8. Ein Leitungsschacht ist am besten im Saug-/Druckverfahren zu trocknen. Hier werden an der stärker durchfeuchteten Schadenstelle (wenn möglich) ein Verdichter im Saugverfahren angesetzt und am anderen Ende des Schachts ein Adsorptionstrockner angeschlossen, sodass die trockene Luft des Adsorbers durch den Schacht gezogen wird. Es sollte vermieden werden, den Aufbau so zu installieren, dass die durchfeuchtete Schadenstelle an der Druckseite liegt. Dadurch würde die mit Feuchtigkeit angereicherte Luft durch den Schacht geführt, was zu einer längeren Trocknungszeit und – je nach Leitungs- und Nutzungsart – sogar zu Kondensatausfall im Schacht führen könnte. Die Gefahr der Kondensatbildung besteht insbesondere an »kalten« Leitungen, wie z. B. Kaltwasserleitungen, Gussrohren, aber auch an Fallleitungen aus Kunststoff ist dies möglich. Bei hoher Durchfeuchtung kann es auch zu einem Feuchtestau und zu Kondensatausfall an Warmwasserleitungen kommen.

9. Um die Raumluft während der Trocknung nicht zu belasten, ist die Trocknungsanlage im Unterdruckverfahren oder im Saug-/Druckverfahren zu installieren, da nur mit diesen beiden Methoden die Luft aus dem Hohlraum des Trocknungsobjekts herausgesaugt und somit eine Raumluftbelastung mit möglichem organischem Befall oder anderen Schadstoffen vermieden wird. Hier ist jedoch zu bedenken, dass beim Saug-/Druckverfahren im Falle falscher oder unvorsichtiger Installation (falsche Lochanordnung oder höher eingespeister Luftstrom der Anlage bei zu geringer Absaugleistung) dennoch die Gefahr einer Raumluftbelastung bleibt, da ein Teil der eingedrückten Luft, mit Schadstoffen angereichert, entweichen kann.

10. Bei der kapazitiven Messung wird die Dielektrizitätskonstante der Baustoffe durch die Ausbildung eines elektrischen Felds ermittelt. Diese Konstante wird von Feuchtigkeit, Metallen und anderen elektrisch leitfähigen Substanzen beeinflusst. Befinden sich also beispielsweise Leitungen oder Streckmetall in den zu messenden Bauteilen, ergeben die Messungen für diese Materialien zu hohe Feuchtewerte. Salze und ausgetriebene Mineralien bewirken, da sie elektrisch leitfähig sind, denselben Effekt. Der verwendete Messkopf wird in der Praxis »Kugelkopf« genannt.

11. Ein Adsorptionstrockner funktioniert folgendermaßen: Die Raumluft wird angesaugt und über ein mit Silikagel beschichtetes Wabenrad geführt. Das sich langsam drehende Rad nimmt die Feuchtigkeit aus der Luft auf. Die heruntergetrocknete Luft wird aus dem Trockner abgeführt und auf die durchfeuchtete Bausubstanz geleitet. In einem weiteren Teilbereich des Geräts wird mittels

eines Elektroheizers ein zweiter Warmluftstrom erzeugt, der das sich langsam drehende Trockenrad entfeuchtet. Dieser sehr warme und feuchte Luftstrom wird in der Regel aus dem Fenster ins Freie geführt.

12. Bei der technischen Trocknung einer Lagerholzdecke besteht im Wesentlichen die Gefahr der Übertrocknung, wenn mittels eines Adsorptionstrockners ungeregelt heruntergetrocknete Luft (bis zu 2 % relativer Luftfeuchte sind möglich) in die Lagerholzkonstruktion eingelassen wird. Das Holz wird durch die Übertrocknung irreparabel geschädigt. Außerdem ist bei einer Lagerholzdecke die Schüttung in den Gefachen zu beachten: Hier ist die Bandbreite von eingebrachten Stoffen unterhalb der Dielung groß und reicht von Pottasche, Schlacke, Sand, Bauschutt, Papier und Stroh als Nachkriegsmaterialien bis hin zu neuen Baustoffen wie Perlite, Mineralwolle oder Blähton. Die Baustoffe haben ein unterschiedliches Trocknungsverhalten und bergen verschiedene Gefahren der Bildung organischen Materials.

13. Ein Gussasphaltestrich ist thermoplastisch, das heißt, er lässt sich unter Wärmeeinwirkung verformen. Wird nun mittels einer Trocknungsanlage (Adsorber + Verdichter) warme Luft in die Konstruktion gedrückt, besteht die Gefahr, dass schweres Inventar Vertiefungen oder Abdrücke im Estrich hinterlässt.

14. Tischlerholz ist bei 12 M-Prozent als trocken anzusehen. Eine Fasersättigung ist bei den meisten Holzsorten bei etwa 30 M-Prozent erreicht.

15. Wasserdampfdiffusion beschreibt einen Dampfdruckausgleich (Wasserdampf-Partialdruck) zwischen zwei Räumen, der eine Wasserdampfabwanderung durch den Baustoff hervorruft (z. B. Mauerwerk), welcher die Räume voneinander trennt. Dies geschieht, klimatisch bedingt, insbesondere in der kalten Jahreszeit von innen (warm) nach außen (kalt). Wasserdampfdiffusion beeinflusst in der Gebäudetrocknung insbesondere die Trocknungszeit. Ist z. B. ein Kellerraum zu trocknen, kann die Temperatur der Raumluft zu kühl sein, um weitere Feuchte aufzunehmen. Der Dampfdruck im durchfeuchteten Mauerwerk ist im Vergleich zum Dampfdruck der umschließenden Luftmasse gleich oder niedriger, so dass ein Abtrocknen der Bausubstanz nicht möglich ist. Erst durch das Erhöhen der Raumlufttemperatur wird das Dampfdruckgefälle verschoben, so dass das in den Kapillaren des Baustoffes vorhandene Wasser ausdiffundierenden kann.

16. Der Fachbegriff heißt Kondensation.

17. Ja, Gussasphalt ist durch seinen hohen Bitumenanteil wasserdicht.

18. Um eine Schädigung des Baustoffs Holz zu vermeiden, ist der Einsatz eines Kondenstrockners und eines Verdichters zu empfehlen. Es ist auch der Anschluss eines Adsorptionstrockners möglich, doch hier muss mit einem Hygrostat gearbeitet werden, um die Trockenluft nicht unter 35 % rel. Luftfeuchte zu trocknen. Unter 35 % rel. Luftfeuchte ist nach meinen Erfahrungen mit Schäden

an der Holzkonstruktion zu rechnen (z. B. Torsionen an den Balken, bis hin zu Rissen im Mauerwerk im Bereich der Balkenauflagerungen).
Eine genaue Berechnung des einzusetzenden Verdichters ist im Vorfeld nicht möglich. Um die Fläche zu bestimmen, die bei der Trocknung einer Holzbalkendecke mit Lehmeinschub an einen Verdichter angeschlossen werden kann, findet man in den Verdichter-Herstellerangaben einen ersten Anhaltspunkt, wobei sich diese im Wesentlichen aber auf die Estrichflächen beziehen. Einflussnehmende Parameter sind letztlich jedoch die verbauten Dämmstoffe in den Hohlräumen der Decke und ihre unterschiedlichen Trocknungseigenschaften. Einzig die Luftbewegung im Luftstrom ist als relevante Messgröße zur Bestimmung der Trocknungsanlage zu sehen: Der Luftstrom darf eine Geschwindigkeit von 0,2 bis maximal 1,5 m/s haben, da Lehmschüttungen und andere mögliche organische Baustoffe in Holzbalkendecken mit einer geringeren Luftbewegung als Estrich getrocknet werden müssen. Ist die gemessene Geschwindigkeit im Luftstrom passend, ist auch die gewählte Turbine als richtig anzusehen.

19. Bauholz gilt bei etwa 20 M-Prozent als trocken.

20. Man unterscheidet die wassergeführte und die elektrische Fußbodenheizung. Der Vor- und Rücklauf einer wassergeführten Fußbodenheizung wird auf einer Systemplatte im unteren Drittel der Estrichplatte eingebaut. Die elektrische Fußbodenheizung wird unterhalb der Bodenbeläge (zum Beispiel Fliesen) in Mattenform eingebracht.

21. Unterhalb einer Temperatur von +12 °C ist der Einsatz von Kondenstrocknern unwirtschaftlich: Die Geräte vereisen an den Kühllamellen und verbrauchen schließlich mehr Energie zum eigenen Abtauen als zum Entfeuchten der Umgebung. Bei einer Temperatur von mehr als +25 °C senkt sich die relative Luftfeuchte sehr stark ab, insbesondere wenn es keine offene Feuchtigkeitsquelle mehr im Raum gibt, sodass ab einer relativen Luftfeuchte von weniger als 30 % keine Entfeuchtung mehr stattfindet. Auch hier ist der Einsatz von Kondenstrocknern unwirtschaftlich.

22. Nach dem Aufbau unterscheidet man folgende Estricharten: Verbundestrich (ist direkt auf dem Beton gegossen), Estrich auf Trennlage (wird vom Untergrund durch eine Trennlage, zum Beispiel Folie, getrennt), schwimmender Estrich (Platte wird schwimmend auf Dämmstoff eingebracht), Trockenestrich (Konstruktion aus Faserplatten mit Dämmmaterial), Gussasphaltestrich (Gemisch aus geschmolzenem Bitumen mit Sand und Split).

23. Nach der Art der Bindemittel unterscheidet man folgende Estricharten: Zementestrich, Calciumsulfatestrich (auch: Anhydritestrich), Magnesiaestrich, Gussasphalt- und Kunstharzestrich.

24. Ein Hygrostat wird benutzt, um die relative Luftfeuchtigkeit nicht unter einen vorgegebenen Wert absinken zu lassen. Dies ist insbesondere bei empfindlichen Baustoffen wie Holz zwingend, da es sonst durch Übertrocknung zu irreparablen Schäden kommen kann.

25. Gerüche können neutralisiert oder überlagert werden, indem man Duftträgerstoffe über ein Trägermedium (Wasser) in der Luft vegetativ verteilt, die Luft ionisiert, Luft mit Ozon anreichert, ein Heißnebelverfahren (Fogging) anwendet oder indem probiotische Reiniger, also Flüssigträgermedien mit Bakterien, die Geruchsmoleküle verzehren, eingesetzt werden.

26. Ein Thermoanemometer ist ein technisches Gerät zur Bestimmung der Luftgeschwindigkeit.

27. Ein Widerstandsmessgerät misst den Grad des Widerstands, der sich zwischen Messelektroden einstellt, wenn Spannung angelegt wird. In einem feuchten Baustoff liegt ein geringerer Widerstand vor, da seine elektrische Leitfähigkeit durch das Wasser erhöht wird.

28. Gipsputz, der über einen längeren Zeitraum einer relativen Luftfeuchte von 70 % oder mehr ausgesetzt ist, wird einen Feuchtewert erreicht haben, der als »nass« zu bezeichnen ist. Gipsputz kann eine Feuchtigkeitsmenge von ca. 20 g/m² aufnehmen.

29. Bei einer Lufttemperatur von + 20 °C und 50 % relativer Luftfeuchte sind in der Luft 7,3 g/kg Wasser enthalten.

30. Die technische Trocknung eines Bodenaufbaus mit Lehmschüttung dauert bei vollständiger Durchfeuchtung mindestens 21 Tage (eher länger). Die Trocknungszeit ist von der Lehmdicke, der Zusammensetzung des Lehms und den umgebenden Baustoffen (zum Beispiel gesättigter Ziegelstein) abhängig. Der Lehm muss eventuell in einer Intervalltrocknung entfeuchtet werden, das heißt, die Geräte sind zwölf Stunden in und zwölf Stunden außer Betrieb, sodass sich die Feuchtigkeit im Baustoffquerschnitt in Richtung Baustoffoberfläche bewegen kann.

31. Die am meisten verbauten Steinarten sind Ziegelstein, Kalksandstein, Porenbeton und Naturstein.

32. Tauchpumpe, Tellerpumpe, Industriewassersauger, Baustaubsauger (im Notfall), Verdichter im Saugverfahren.

33. Die Prozessluftöffnungen sind 2,5 cm groß.

34. Ein Boden mit schwimmendem Estrich ist von unten nach oben folgendermaßen aufgebaut: Betondecke (ca. 16 cm) oder Betonsohle (ca. 25 cm), Folie oder Abklebung, Dämmmaterial (z. B. 6 cm Polystyrol), Abdeckung (z. B. Folie), Estrich (ca. 5 cm). Ob es sich um einen schwimmenden Estrich handelt, überprüft

man anhand der Bauunterlagen, indem man die Oberfläche mit einem Schraubendreher abklopft (bei Hohlklang ist schwimmender Estrich sehr wahrscheinlich, aber Vorsicht: hohe Erfahrung nötig!), in den Randdämmstreifen einen flachen Gegenstand einführt und den Estrich mit evtl. vorhandener Dämmstärke ermittelt oder, als sicherste Möglichkeit, indem man eine Probebohrung setzt und den Bodenaufbau einsieht.

35. In den Adsorptionstrocknern ist Silikagel enthalten. Silikagel ist eine amorphe Kieselsäure (auch Kieselgel oder Kieselsäuregel genannt). Es besitzt eine große innere Oberfläche (600 m^2/g) und ist stark wasseraufnehmend (hygroskopisch).

36. Der Einsatz des Adorptionstrockners ist sowohl im Überdruck- als auch im Unterdruckverfahren von den eingesetzten Verdichtern abhängig. Es gilt der Grundsatz, dass der Adsorptionstrockner etwa die gleiche Luftumwälzung bis maximal die doppelte Luftumwälzung – im Verhältnis zum eingesetzten Verdichter – haben sollte. Wenn der Adsorptionstrockner eine geringere Leistung als die Turbine hat, besteht die Gefahr, dass der Verdichter den Trockner »leersaugt« und somit Schäden am Trockner entstehen können und die Trocknungszeit verlängert wird. Beispiel: Bei einer Raumgröße von 25 m^2 könnten ein Verdichter mit 200 m^3 Luftdurchsatz pro Stunde sowie ein Adsorptionstrockner mit 300 m^3 Luftdurchsatz pro Stunde zum Einsatz kommen. Der Adsorptionstrockner hat somit einen ausreichend höheren Luftdurchsatz pro Stunde.

37. Es gibt keinen trocknungstechnischen Grund, einen nicht durchfeuchteten Bodenbereich anzubohren, auch nicht zur genauen Feuchtemessung, da ausreichend zerstörungsfreie Methoden zur Verfügung stehen. Möglicherweise möchte ein Kunde, der um eine solche Bohrung bittet, den Bodenbelag durch die Trocknungsfirma bewusst zerstören lassen, um über eine seiner Versicherungen (Gebäude oder Hausrat) oder über die Betriebshaftpflichtversicherung des Trocknungsunternehmens einen neuen Boden finanziert zu bekommen. Weisen Sie ihn freundlich darauf hin, dass es keine technische Notwendigkeit gibt, eine solche Bohrung vornehmen zu müssen.

Empfohlene und verwendete Fachliteratur

Arendt, C.; Seele, J.: Feuchte und Salze in Gebäuden.

Ursachen, Sanierung, Vorbeugung. Leinfelden-Echterdingen: Verlagsanstalt A. Koch, 2. Aufl., 2001.

Frössel, F.: Mauerwerkstrockenlegung und Kellersanierung.

Wenn das Haus nasse Füße hat. Stuttgart: Fraunhofer IRB Verlag, 3. Auflage, 2009.

Gesamtverband der Deutschen Versicherungswirtschaft e. V. (GDV) (Hrsg.): Richtlinien zur Schimmelpilzsanierung nach Leitungswasserschäden. Köln: VdS Schadenverhütung GmbH, 2020.

Hankammer, G.; Lorenz, W.; Lassl, K.: Sanierung von Feuchte- und Schimmelpilzschäden. Diagnose, Planung und Ausführung. Köln: Rudolf Müller Verlag, 2005.

Hankammer, G.; Lorenz, W.: Schimmelpilze und Bakterien in Gebäuden. Erkennen und Beurteilen von Symptomen und Ursachen. Köln: Rudolf Müller Verlag, 2. Aufl., 2007.

Hankammer, G.: Schäden an Gebäuden. Erkennen und Beurteilen.

Köln: Rudolf Müller Verlag, 2. Aufl., 2008.

Huckfeldt, T.; Schmidt, O.: Hausfäule- und Bauholzpilze. Diagnose und Sanierung. Köln: Rudolf Müller Verlag, 2005.

Knaut, J.; Berg, A.: Handbuch der Bauwerkstrocknung. Ursachen, Diagnose und Sanierung von Wasserschäden in Gebäuden. Stuttgart: Fraunhofer IRB Verlag, 2. Aufl., 2007.

Künzel, H.: Bauphysik. Geschichte und Geschichten. Stuttgart: Fraunhofer IRB Verlag, 2002.

Künzel, H.: Fensterlüftung und Raumklima. Grundlagen, Ausführungshinweise, Rechtsfragen. Stuttgart: Fraunhofer IRB Verlag, 2006.

Landesgesundheitsamt Baden Württemberg: Handlungsempfehlungen für die Sanierung von mit Schimmelpilzen befallenen Innenräumen. Stuttgart: Selbstverlag, 2006.

Reul, H.: Handbuch Bautenschutz und Bausanierung. Schadensursachen, Diagnoseverfahren, Sanierungsmöglichkeiten. Köln: Rudolf Müller Verlag, 5. Aufl., 2007.

Verband der Bausachverständigen Norddeutschlands e. V. (VBN), (Hrsg.): Topthema Schimmelpilz. Fachaufsätze von Bausachverständigen, Juristen, Umweltmedizinern und Mikrobiologen. Stuttgart: Fraunhofer IRB Verlag, 3. Aufl., 2003.

Umweltbundesamt, Innenraumlufthygiene-Kommission, Dessau (Hrsg.): Leitfaden zur Vorbeugung, Erfassung und Sanierung von Schimmel in Gebäuden, 2017.

VDB Berufsverband Deutscher Baubiologen e.V. (Hrsg.): Berufsverband Deutscher Baubiologen VDB e. V. Jesteburg, 2010

Zimmermann, G., et al.: Wasserschäden. Schadensfälle – Leckortung – Bautrocknung – Verantwortlichkeit. Stuttgart: Fraunhofer IRB Verlag, 2006.

Unbedingt beachtenswert sind auch die Publikationen des Vereins Wissenschaftlich-Technische Arbeitsgemeinschaft für Bauwerkserhaltung und Denkmalpflege e.V., (WTA), München. Die WTA erstellt seit 2003 mit dem WTA-Journal eine eigene Zeitschrift, die viermal im Jahr erscheint. Sie gibt zudem die Zeitschrift »Bautenschutz und Bausanierung« sowie die Zeitschrift »IZB« (Internationale Zeitschrift für Bauwerkserhaltung) heraus. Die WTA-Schriftenreihen und -Merkblätter spiegeln den aktuellen Stand der Forschung wider.

Verzeichnis der Infokästen

Stichwortverzeichnis

M

N

O

P

Q

R

S

T

U

Danksagung

An der Entstehung dieses Buchs war eine Reihe von Personen beteiligt, denen ich an dieser Stelle herzlich danke:
Zunächst und vor allen anderen meinem langjährigen Freund und Mitarbeiter Michael Klenner für seinen kritischen Blick und seine vorbildliche Unterstützung.

Meinem langjährigen Mitarbeiter Olaf Berninger, der mir immer wieder den Rücken freigehalten hat und mir hierdurch eine große Hilfe war.

Ebenso Heiko Schmerer, der mir als studentische Hilfskraft sehr gut zugearbeitet hat.

Für die langjährige Zusammenarbeit möchte ich ganz besonders den Sachverständigen Dipl.-Ing. Arch. Uwe Gausmann, Dipl.-Ing. Arch. Hans-Peter Göhn, Dipl.-Ing. Gunter Hankammer, Dipl.-Ing. Reiner Fohrmann, Dipl.-Chem. Heinz-Dieter Altmann, Norbert Strehle, Dipl.-Ing. Martina Clemens-Ströwer, Dipl.-Biologin Nicole Richardson, Dr. Ingrid Dill, Dr. Wolfgang Lorenz, Dr. Christoph Trautmann, Dr. Thomas Lauxtermann sowie der Kollegin und den Kollegen aus der Sachverständigengesellschaft des Bauhandwerks Bielefeld bR danken, die mir in allen beruflichen Angelegenheiten stets eine fachliche und persönliche Stütze waren.

Und natürlich und ausdrücklich dem 50-köpfigen Dream-Team meines Trocknungsunternehmens. Also allen meinen Mitarbeiterinnen und Mitarbeitern für ihre immer wieder herausragende Arbeit, die letztlich – und sei es manchmal nur in einem unscheinbaren Detail – auch diesem Buch zugute kam.

Allen Mitarbeitern der Handwerkskammer Ostwestfalen-Lippe zu Bielefeld, ganz besonders jedoch Frau Angela Rehorst, Herrn Wolfgang Borgert, Herrn Heinz-Rüdiger Wulfmeyer, Herrn Mathias Steinbild und Frau Ulrike Wittenbrink für ihre Unterstützung in all den Jahren.

Claudia Cornelsen, die mich mit ihrer Erfahrung fachkundig und engagiert bei der Verlagssuche, der Konzeption des Buches und bei den zahlreichen Textarbeiten für und rund um das Buch unterstützt hat.

Nicht zuletzt möchte ich auch all meinen Kunden danken, die mir mit der vertrauensvollen Übertragung ihrer Schadensfälle in den vielen Jahren die Wissensbasis für dieses Buch lieferten.

Michael Grübel

Bielefeld, im August 2021